Hendrik Hassel

NEUES FLEISCH

Essen ohne Tierleid –
Berichte aus der Zukunft
unserer Ernährung

INHALT

VORWORT:
Das Versprechen

Zugegeben, es ist eine absurde Vorstellung: Fleisch zu essen, ohne Tiere dafür zu töten. Als das Forschungsteam um den niederländischen Professor Mark Post im Jahr 2013 den weltersten künstlich hergestellten Burger servierte, zeigte es der Welt: Eine andere Art der Fleischproduktion ist möglich. Was bisher nur Science-Fiction war, wurde eine echte Möglichkeit.

Es war nicht nur ein Triumph der Wissenschaft. Es war so viel mehr. Mark Post präsentierte ein Versprechen. Das Versprechen, dass wir in Zukunft keine Tiere mehr schlachten müssen, um Fleisch zu essen, und dass die Umweltfolgen der Massentierhaltung Geschichte werden könnten. Doch bis heute ist es bei der bloßen Möglichkeit geblieben. Bis heute wurde dieses Versprechen nicht eingelöst.

Für das Buch hatte ich die Gelegenheit, in eine neue Welt einzutauchen. Eine Welt aus Zellen und Nährlösungen, aus mutigen Prognosen und einer ungewissen Zukunft. Eine Welt, in der Forschungsteams die Fleischherstellung revolutionieren wollen. Immer wieder schlugen Türen zu, andere gingen auf.

7

Ich traf Wissenschaftlerinnen und Wissenschaftler auf Konferenzen und diskutierte mit ihnen Zukunftsszenarien. Ich besuchte Firmen in den Niederlanden, in Israel und in den USA. Ich sprach mit Investoren über die Chancen und Risiken einer neuen Fleischproduktion.

Während meiner Recherche musste ich immer wieder an die Worte denken, die mir Shir Friedman, Mitbegründerin des israelischen Start-ups Super-Meat, sagte. Als sie zum ersten Mal von der neuen Art, Fleisch herzustellen, erfuhr, dachte sie: »Wenn das keine Science-Fiction ist, dann ist das krass.«

Wenn den Wissenschaftlerinnen und Wissenschaftlern das gelingt, dann schauen wir gerade dabei zu, wie Geschichte geschrieben wird. Wir könnten erleben, wie Schlachthäuser überflüssig werden und die Zeit der neuen Fleischherstellung beginnt.

Hendrik Hassel
Berlin, im Sommer 2019

In der Fleischbrauerei

Wenn Fleisch ohne Tiere wachsen kann,
dann braucht es keine Mastanlagen mehr.
Es wird Brauereien geben. Dort können wir
dem Fleisch beim Wachsen zusehen.

»Es ging so einfach nicht mehr weiter«, sagt er und schaut auf den Boden. Der niedersächsische Unternehmer Stephan Hansen war früher Tierhalter von 60.000 Hühnern, heute ist er Fleisch*brauer*. Die Mastanlage hatte er von seinem Vater übernommen, sich damit arrangiert, dann darüber geärgert und umgelenkt. Er war einer der Ersten, die hier in der Region auf das Brauen von Fleisch umstellten. Er galt lange als Spinner, bis es ihm immer mehr nachmachten. Heute gibt er eine Führung durch seine Brauerei. Anfangs war das Interesse groß, doch der Ansturm hat sich gelegt. Eine Schulklasse aus der benachbarten Ortschaft ist gekommen, um zu sehen, wie ihr Fleisch wächst.

Hansen betritt die erste Halle, geht vorbei an den Kontrollbildschirmen. Früher wurden in der Halle die Tage für die 20.000 Tiere mit Kunstlicht verlängert. Je länger das Licht schien, desto schneller wuchsen die Hühner. Tageslicht kam nicht in den Stall. Für die Fleischbrauerei wollte er das ändern. Die Wände links und rechts sind mit großen Fenstern versehen, wo sich am Wochenende die Kinder der Nachbarschaft die Nasen plattdrücken.

In der Halle stehen zwölf runde Kessel, jeweils zwei nebeneinander. Hansen nennt sie Fleischkultivatoren. Kleinere Rohre in verschiedenen Farben kommen vom Vorraum aus der Wand und verlaufen an der Decke quer durch die Halle. In den rosa Rohren sind Aminosäuren, in den grünen Vitamine und in den orangenen Glukose.

Er läuft zwischen den ersten beiden Brauereitanks vorbei. »Hier wächst es«, sagt er mit ruhiger Stimme. Fast so, als wolle er es nicht aufwecken. Das, was früher in den Tieren passierte, geschieht jetzt in den Edelstahlcontainern. Dort bekommen die Hühnerzellen die Nährstoffe, die sie benötigen, um zu wachsen und sich zu teilen. Muskelstrang für Muskelstrang entsteht hier die Basis für Wurst, Hühnerbrust und Chicken Nuggets.

Durch Luken schauen die Kinder in den Kultivator. Nicht wirklich spannend. In den Tanks liegen die Muskelfasern in rosa Flüssigkeit. Stephan Hansen zeigt auf seinem Telefon ein kurzes Video. Eine Zeitraffer-Aufnahme, vier Wochen in zehn Sekunden. Da sieht man tatsächlich die Muskelmasse wachsen. »In 30 Tagen waren damals meine Hühner so groß, dass ich sie abholen ließ, um die Tiere schlachten zu lassen«, sagt Hansen. Das ist jetzt nicht mehr nötig, das Fleisch wächst nun außerhalb der Tiere.

Nach der Führung verlässt Stephan Hansen die Halle, läuft über den Hof und geht in sein Arbeitszimmer. Er schaut auf die Uhr. Es ist 14.25 Uhr. Was ist heute noch zu tun? Er schaut in seinen Kalender, öffnet die Seite des heutigen Tages, Mittwoch, der 3. Mai 2045. Noch ein Mal Kontrollreport des Computers für die Temperaturen in den Kesseln überprüfen, die Abholung für das Fleischwerk fertig machen, dann Feierabend.

Werden wir tatsächlich Fleisch brauen wie Bier? Oder Wurst wachsen lassen wie Salat? Das ist doch nur Science-Fiction und hat wenig mit unserer Welt zu tun. Alles frei erfunden. Fleisch ohne Schlachthäuser, das ist eine Utopie. Ausgeschlossen, dass wir so in Zukunft Fleisch herstellen werden. Oder etwa nicht?

KAPITEL 1
Der alte Mann und das Fleisch

Der 5. August 2013 war ein historischer
Tag. Der erste Burger aus Zellkulturen
wurde der Weltöffentlichkeit präsentiert.
Eine etwas verrückte Idee wurde eine
echte Möglichkeit: Fleisch kann ohne
Schlachthäuser hergestellt werden.
Doch wie kam es dazu?

An dem Tag, an dem die Idee Fleisch wurde, saß der 90-jährige Willem van Eelen zuhause in den Niederlanden und schimpfte. Hunderte Kilometer entfernt in London war die Weltpresse geladen, um zu sehen, wie der erste In-vitro-Burger in der Pfanne gewendet und verspeist wurde. Es war der 5. August 2013 und der Durchbruch jahrelanger Forschung.

Um die 300 Journalisten waren vor Ort und drängten sich durch den Eingang der Lobby in den Präsentationssaal der »Riverside Studios«. Die Bühne war bunt ausgeleuchtet, wie bei einer Samstagabendshow im Fernsehen. Die geladenen Experten sprachen über die Textur, den Biss und den Geschmack und wie er aussieht, der welterste Burger, für den kein Tier geschlachtet wurde. »Die Konsistenz ist perfekt«, sagte die eine. »Es fühlt sich im Mund wie echtes Fleisch an«, sagte der andere[1]. Das Event zeigte der Welt: Eine andere Fleischproduktion ist möglich. Zeitungen schrieben von dem teuersten Burger, den es je gab. Um die 300.000 Euro soll der 100-Gramm-Patty gekostet haben[2].

Der zuhause gebliebene Willem van Eelen verstand das Theater nicht. Seit über 20 Jahren arbeitete er an dem neuen Fleisch. War es doch seine Idee! Er war der Pionier dieser Bewegung, er hatte das Projekt angestoßen, das jetzt in London stolz den Burger präsentierte. Und jetzt war er in der britischen Hauptstadt nicht mal dabei.

Für ihn war das reine Geldverschwendung. Wer brauchte schon so einen Presse-Stunt? Viel dringender wurde das Geld für weitere Forschung benötigt. Das Fleisch sollte längst in den Supermarkt-Regalen liegen und nicht bloß in den Zeitungen zur Sprache kommen. Zu Lebzeiten wollte er sehen, wie seine Idee vom unblutigen Fleisch Realität wird. Die Zeit lief davon. Ihm lief sie davon. Die anderen Projektpartner waren jünger, er schon über 90 Jahre alt. Es waren seine letzten Jahre.

Wie konnte Willem van Eelen zum Wegbereiter der Fleisch-Revolution werden – er, der nie in der Lebensmittelbranche gearbeitet hatte? Eine Geschichte erzählt er immer wieder:

Als junger Mann war er im Zweiten Weltkrieg in der holländischen Kolonie Indonesien Kriegsgefangener Japans geworden und litt dort Hunger. Eines Tages hatte sich ein Hund in dem Stacheldraht des Zauns verfangen. Er muss schrecklich gejault haben. Die japanischen Soldaten machten Schießübungen an dem verzweifelten Tier. Bis Willem van Eelen ihn aus dem Zaun befreite. Als er den Hund in seinen Händen in das Lager trug, wurde ihm das Tier von den Mitgefangenen entrissen und sofort aufgegessen. Die Grausamkeit des Hungers, aber auch das Tierleid brannte sich tief in sein Gedächtnis ein. Damals kam ihm der Gedanke zum ersten Mal: Warum können wir Fleisch nicht wie Pflanzen wachsen lassen?

Später als Student, immer noch von der Erfahrung des Hungers stark geprägt, wurde ihm an der Universität im Labor ein Stück Gewebe gezeigt. In Nährlösung eingelegt, wurde es am Leben gehalten. Es wuchs nicht, war aber auch nicht tot. Während die anderen Studierenden sich für die medizinischen Fragen interessierten, konnte Willem van Eelen nicht anders, als darin etwas Essbares zu sehen. Für ihn stellte sich die Frage: Warum ist es nicht möglich, das Gewebe nicht nur am Leben zu halten, sondern auch wachsen zu lassen?

Viele Jahre vergingen, bevor ihm der Gedanke erneut durch den Kopf ging. Es war nach dem frühen Tod seiner Frau. Es war auch das erste Mal, dass er die Idee seiner Tochter Ira erzählte. »Das müsste vor vierzig Jahren gewesen sein. Ich war damals eine Teenagerin«, berichtet sie heute. »Er war erschüttert. Durch den Tod meiner Mutter verlor er seine Muse und seine Inspiration.« Van Eelen hatte mit seiner Frau zusammengearbeitet, sie betrieben verschiedene Cafés in Amsterdam.

Um den Tod seiner Frau zu begreifen, begann er alle medizinischen Journale und Fachzeitschriften zu lesen, die er in die Finger bekam. Und er stieß auf einen Bericht, wie künstliches Gewebe für Organtransplantationen hilfreich sein könnte. Sofort erinnerte er sich an das Stück Gewebe, das er als Student in der Nährlösung gesehen hatte. Und er erinnerte sich an die Frage, die ihm damals gekommen war.

Lange dachte er über die Idee nach und sprach mit Bekannten darüber. »Mein Vater hatte spezielle Freunde«, erinnert sich seine Tochter. »Sie hatten lange, philosophische Gespräche, ich setzte mich als Kind gerne dazu und hörte ihnen zu.« Damals in den 80er-Jahren waren die Umweltfolgen von Tierhaltung noch kein Thema. Das dominierende Thema für van Eelen war der Welthunger und dass Hunger zu Kriegen führen könnte. Aber es ging ihm auch um Tierschutz. »Es war ein Thema, mit dem mein Vater immer sehr kämpfte«, sagt seine Tochter. »Wir waren keine Vegetarier. Wir waren da etwas widersprüchlich: Uns war bewusst, wie die Tiere behandelt werden, und wir wussten, dass das nicht in Ordnung ist.« Es ist ein Konflikt, den es mit seinem neuen Fleisch nicht mehr geben würde.

Willem van Eelen war zwar nicht der Erste, der die Idee hatte, Fleisch außerhalb von Tieren wachsen zu lassen. Was ihn aber von anderen unterschied: Er wollte es nicht bei einer Idee belassen. Er wollte, dass sie Realität wird. »Ein paar Jahre nachdem mein Vater zum ersten Mal davon erzählte, sah ich ihn auf einmal das Haus verlassen«, sagt Ira van Eelen. »Er setzte sich in sein Auto und fuhr los.« Der Witwer wollte Antworten finden und war fest entschlossen, die Welt zu verändern. Er suchte Leute, die mit ihm seine Idee umsetzen wollten, überzeugte Ärzte und Wissenschaftler, sich sein Anliegen überhaupt erst mal anzuhören. Van Eelen brauchte Partner für seine Idee, seine Vision. Denn er wusste: Alleine konnte er das unmöglich schaffen.

»Damals war ich als Teenager nicht sonderlich interessiert, was mein Vater so treibt«, sagt Ira van Eelen. »Rückblickend bin ich mir sicher, dass er viele Enttäuschungen in der Zeit hinnehmen musste.« Willem van Eelen telefonierte viel, und später lernte er von

17

seiner Tochter, den Computer zu bedienen. Er hatte Ersparnisse von seiner Frau, ließ ein Patent schreiben, gab viel Geld dafür aus und gründete später sogar eine eigene Firma.

»Er war ein Idealist«, sagt Henk Haagsman, einer der Ersten, die Willem van Eelen von seinem Vorhaben überzeugen konnte. Haagsman war damals Professor für Veterinärwissenschaften und arbeitete zu den Auswirkungen von Stress auf die Tiere in Schlachthäusern und Mastanlagen. Seine Forschung machte ihn unbeliebt bei den Fleischfirmen. Er sagt: »Aufgrund der Interviews, die ich gab, war ich eine Persona non grata für die Fleischindustrie. Deswegen kontaktierte mich van Eelen, es war genau der richtige Zeitpunkt.« Haagsman wurde wissenschaftlicher Leiter des Projektes.

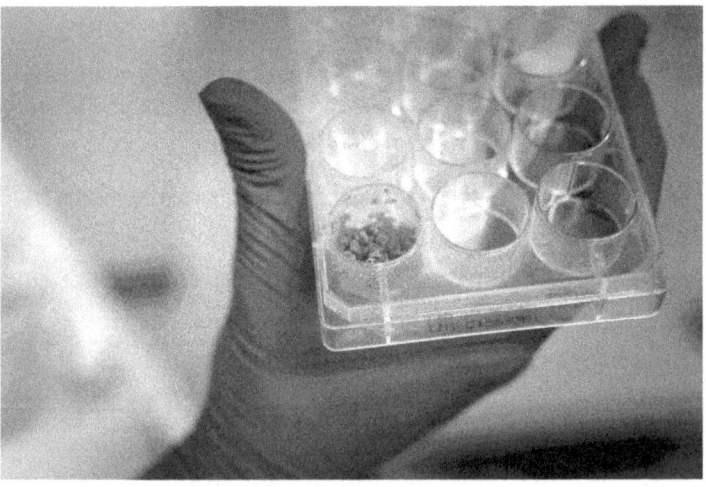

Die allgemeine Projektleitung übernahm der Lebensmitteltechniker Peter Verstrate, der bei einer Fleischfirma arbeitete. Er erinnert sich noch gut an die erste
Begegnung mit Willem van Eelen:»Er war ein vorneh-
mer, großer, grauhaariger Mann mit dem Auftreten eines Professors.« Ohne Termin tauchte er auf. Stand im
Flur der internationalen Fleischfirma Sara Lee Foods
und wartete ...

Willem van Eelen brauchte jemanden wie Peter
Verstrate. Nachdem er bereits Henk Haagsmann und
andere Forscher überzeugt hatte, musste er nur noch
jemanden aus der Fleischindustrie gewinnen, um die
beantragten Forschungsgelder zu bekommen.

»Als er zu erzählen begann, dachte ich, er sei verrückt«, sagt Peter Verstrate. Dann erinnerte er sich
an die Forschung seiner Frau. Sie ist Biologin, und
bei einem Besuch in ihrem Labor sah er durch ein
Mikroskop, wie sich Zellen eines Herzmuskels be-
wegten, lebendig waren. »Ich dachte dann ziemlich
bald: Der Typ ist ganz und gar nicht verrückt«, erzählt
Verstrate. »Das könnte die ganze Fleischindustrie
verändern.« Ihn ließ das Gespräch nicht mehr los.
Er versuchte, seine Firma zu überzeugen. Zu seinen
Vorgesetzten sagte er:»Ich habe keine Ahnung, wo-
hin dieser Zug fährt und ob er am Ende überhaupt
in einen Bahnhof einfährt, aber ich schlage vor, wir
kaufen ein Ticket.«

Für seine Vorgesetzten war es eine verrückte Idee,
doch seine Firma Sara Lee Foods sagte – wenn auch
widerwillig – zu. Bedingung war, dass Verstrate die

Forschung anonym, ohne den Namen der Firma, machte. War die Expedition zu verrückt für die damalige Zeit?

2005 wurden die Forschungsgelder bewilligt, zwei Millionen Euro. Ira van Eelen erinnert sich: »Als sie das Geld für die Forschung bekamen, war mein Vater überzeugt, dass sie das Fleisch in zwei oder drei Jahren produziert hätten.« Welch ein Irrtum.

Heute wird Kunstfleisch vor allem mit einem Namen verbunden: Mark Post. Der Professor sitzt in der Mittagspause in seinem Büro der Universität Maastricht und trinkt aus einem Tetra-Pack Bio-Milch. Dazu isst er ein belegtes Weißbrot mit Wurst und Käse. »Ich dachte, das ist eine vielversprechende Idee, aber auch sehr gewagt und verrückt«, sagt er rückblickend über die Anfänge des Projekts.

Der Tag im August 2013, als sie den weltersten Burger aus Kunstfleisch präsentierten, machte Mark Post berühmt. Seitdem ist er »Mr. Cultured Meat«, das prominente Aushängeschild für die Idee des künstlichen Fleisches. Dabei wurde er eher zufällig Teil des Forschungsteams. Eine Wissenschaftlerin des Projektes war krank geworden und musste ersetzt werden. Da fragte man ihn …

Die ersten Jahre waren zäh. Das Forschungsprojekt lief 2009 nach fünf Jahren aus. Der Lebensmitteltechniker Verstrate gesteht: »Das Ziel war, am Ende eine Technologie entwickelt zu haben, die die Fleischherstellung ermöglichte. Das Ziel hatten wir nicht erreicht.« Der Folgeantrag wurde nicht bewilligt. »Es war nicht wegen fehlender Ergebnisse«, sagt Mark Post. »Die Argumentation war, dass die Geldgeber nicht sahen, dass Fleischfirmen die Idee aufnahmen.« Viel zu früh wurde der Geldhahn zugedreht, so Post, es brauchte noch mehr Forschung. »Ich konnte das nicht akzeptieren. Ich hatte Forschungsgelder für viel verrücktere und unrealistischere Ideen bekommen.«

War alles umsonst gewesen? Wie sollte es jetzt weitergehen ohne Geld? Das Forscherteam machte einen Deal: Mark Post war verantwortlich für ein Labor der Universität. Er hatte dort eine gewisse Freiheit, das zu tun, was er wollte – solange es in seinem Themengebiet lag. So beschloss das Projektteam, die Forschung fortzuführen, auch ohne Fördergelder, wenn auch auf Sparflamme.

In den Jahren übernahm Mark Post die Kommunikation mit der Presse. Die Interviewanfragen waren seinem Kollegen Henk Haagsman zu viel geworden. Es waren immer wieder die gleichen Fragen. »Journalisten kamen aus der ganzen Welt zu uns. Ich konnte nicht mehr normal arbeiten«, sagt Haagsman. Eines der ersten Interviews, die Mark Post gab, war für die britische Times. Haagsman erinnert sich: »Mark sagte, dass Kunstfleisch produziert werden könne. Die Technologie sei da. Es fehle nur das Geld.« In der Zeitung stand dann, das Projekt suche weitere öffentliche Gelder, um die Technologie weiterzuentwickeln[3]. »Das ging um die Welt«, sagt Haagsman. »Weil es in der Times war, war es bald auch in allen anderen Zeitungen.«

Irgendwann klingelte bei Mark Post das Telefon. Eine Stiftung aus den USA rief an, von der er noch nie gehört hatte: die »Brin Wojcicki Foundation«. Es war die Stiftung des Google-Mitgründers Sergey Brin und seiner damaligen Frau Anne Wojcicki. Mark Post wusste damals nicht, wer Sergey Brin ist. Sie wollten wissen: Kann das Fleisch hergestellt werden, egal zu welchem Preis?

Mitarbeiter der Stiftung besuchten Mark Post in Maastricht. Am Ende sagten sie: Macht weiter, wir geben euch das Geld. »Unsere Idee war, eine Wurst aus Schweinefleisch herzustellen«, sagt Mark Post. »Während wir die Wurst der Öffentlichkeit präsentieren, sollte das Schwein, von dem die Fleischprobe genommen worden war, glücklich auf der Bühne herumlaufen.« Doch die Amerikaner dieser Stiftung interessierten sich nicht für Wurst. Es sollte ein amerikanisches Produkt werden. Die Stiftung machte sehr bald deutlich: Wir wollen kein Schweinefleisch, wir wollen einen Burger. Also Rindfleisch und damit auch kein Schwein auf der Bühne.

Die Stiftung aus Amerika gab sich sehr spendabel. Tatsächlich wurde nicht nur ein Burger produziert, sondern gleich drei. »Der Koch sollte einen zubereiten können, bevor er auf der Bühne den Patty braten muss«, sagt Post. »Dann brauchen wir noch einen als Back-up, falls er auf den Boden fällt. Dazu brauchen wir aber nicht 300.000 Dollar, sondern eine Million!« »Dann bekommt ihr eben eine Million«, stimmten die Amerikaner zu. So ließen die Forscher in den nächsten Jahren drei Burger wachsen.

Nachdem der Burger in London präsentiert wurde, ging das Geld wieder aus. »Das war sehr unglücklich«, sagt Mark Post. »Die Stiftung sagte, sie würde uns wei-

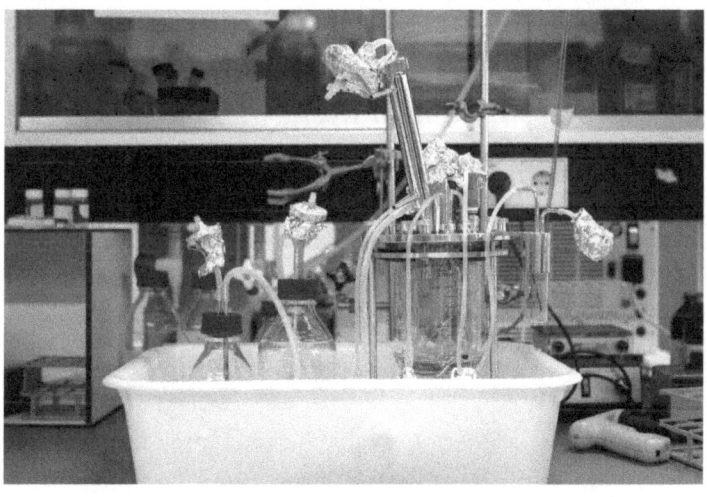

Kulturfleisch, heute noch im Labor und morgen in großen Tanks

ter finanziell unterstützen, aber letztendlich tat sie das nicht.« Wieder standen die Wissenschaftler mit ihrer kleinen Revolution alleine da, ohne Gelder, um weiterzuarbeiten.

Mark Post ist sich unsicher, warum das Projekt nicht weiter unterstützt wurde. »Ich denke, das hat mit der Vorstellung im Silicon Valley zu tun: Wenn du ein Produkt hast, bring es auf den Markt. Alles, was wir hatten, war ein Beweis, dass es funktionierte. Aber das war noch nicht das tatsächliche Produkt. Dieses Zögern kommt nicht gut an in Amerika. Dort läuft es eher so: Sag allen, dass du das Produkt in zwei Jahren auf dem Markt hast. Das ist aber nicht mein Stil.« Sie verloren Zeit. »Wir hatten einen Vorsprung von drei Jahren zu allen anderen«, sagt Post. Diesen Vorsprung konnten sie nicht halten. Sie waren nicht mehr die Einzigen, die an dem neuen Fleisch arbeiteten. Firmen aus den USA wurden aktiv. Eine Konkurrenzsituation war entstanden, und ihre Marktführung war verloren.

Spätestens nach dem Event in London war das Verhältnis zwischen Mark Post und Willem van Eelen nicht mehr gut. Vielleicht schimpfte van Eelen über das Event, weil er sich übergangen fühlte? Zu gern hätte er das neue Fleisch mal probiert. Wäre es zu viel verlangt gewesen, ihm einen Bissen zu überlassen? Ihm als Wegbereiter, der nicht mehr viele Lebensjahre vor sich hatte? Wie hätte ihm sein Lebenstraum geschmeckt?

Unklar ist bis heute, ob Willem van Eelen nach London eingeladen wurde. Er selbst bestritt es. Mark Post behauptet das Gegenteil. »Ich müsste die Einladungen noch irgendwo haben.« Aber nicht nur das nervte van Eelen. Er fühlte sich nicht genug wertgeschätzt als Initiator des Projektes. Er war in den Medien praktisch unsichtbar geworden. Dort ging es nur noch um Professor Post. »Das würde mir auch nicht gefallen«, gibt Mark Post zu.

Es war ein langer Kampf, bis der Burger in London präsentiert wurde, aber auch ein langer Konflikt mit van Eelen. »Er war ein Sturkopf, der dachte, ein Wissenschaftler zu sein«, sagt Henk Haagsman über ihn. Er gilt als einer der vertrauten Personen der Projektgruppe, der ihm immer etwas näherstand als die anderen: »Ich glaube, van Eelen und ich sind immer gut klargekommen. Das war nicht mit allen so. Mark Post machte seine Arbeit, und er war damit nicht zufrieden.«

Mark Post muss ein bisschen lachen, als er sagt: »Wir mussten ihn vor seinen verrückten Ideen beschützen.« Beste Freunde waren sie nicht. »Er liebte oder er hasste dich. Dazwischen gab es nicht viel. Ich glaube, bei mir hat es mit Liebe angefangen und mit Hass geendet.«

Am 24. Februar 2015 starb Willem van Eelen im Alter von 91 Jahren. Eineinhalb Jahre nachdem in London das neue Fleisch das Licht der Welt erblickt hatte. »Ich mochte Willem van Eelen. Ich habe viel Zeit mit ihm in Amsterdam verbracht«, sagt Peter Verstrate. »Wir fantasierten über die Zukunft. Er war voller Tatendrang und immer getrieben.«

Wer alt ist, hat keine Geduld. Zumindest dann nicht, wenn man eine kleine Revolution plant und sie selber noch erleben möchte. Als seine Idee von einer modernen Fleischherstellung konkreter wurde, war Willem van Eelen bereits 80 Jahre alt. Präsidenten gehen da in den Ruhestand, Großeltern in das Altersheim. Willem van Eelen hingegen legte sich mit den ganz Großen an: den Fleischkonzernen. Vielleicht war er spät dran. Doch er versuchte es trotzdem. »Für meinen Vater war es niemals eine Frage, ob er es tun sollte. Es war einfach etwas, was er tun musste«, sagt Ira van Eelen. »Andere sagten über meinen Vater, er sei besessen gewesen. Vielleicht war er das. Aber dann ist es eine gute Sache, besessen zu sein. Auch wenn er bis zum Ende frustriert war, es bleibt eine Erfolgsgeschichte!«

Es fehlen Gelder, um die Forschung effektiv voranzutreiben ...

Was wäre gewesen, wenn Willem van Eelen damals nicht das Haus verlassen hätte mit dem naiven Wunsch, die Fleischherstellung auf den Kopf zu stellen? Was wäre gewesen, wenn er weniger insistierend gewesen wäre? Es vielleicht probiert, aber irgendwann nach Rückschlägen wieder sein gelassen hätte? Wäre die Forschung heute genauso weit?

»Ohne Frage ist van Eelen der frühe Pionier der Bewegung«, sagt Peter Verstrate. Auch Mark Post weiß: »Ohne van Eelen wäre das Ganze nicht passiert. Und ich wäre heute nicht in der Position, in der ich bin.«

Es gibt ein Bild von Willem van Eelen, auf dem steht er auf einer grünen Wiese, irgendwo auf dem Land. Er stützt sich auf eine Krücke, trägt ein lila-weiß gestreiftes Hemd. Die beige Hose wird von zwei Hosenträgern gehalten. Seine Haare sind schon weiß, es muss in seinen letzten Lebensjahren gewesen sein. Er steht einem schwarz-weiß gefleckten Rind zugewandt. Van Eelen zieht, wie aus Respekt, seinen braunen Hut vor dem Tier.

Sein Traum war es nicht nur gewesen, das neue Fleisch in den Supermärkten zu sehen, sondern auch, Schlachthäuser überflüssig zu machen. »Manchmal braucht es einen etwas verrückten Außenseiter, der die richtigen Anstöße gibt«, sagt Henk Haagsman. »Ja, es hat alles sehr lange gedauert. Van Eelen sagte: Ich will leben, um zu sehen, wie das Fleisch Realität wird. Es wäre sehr schön gewesen, wenn er das noch erlebt hätte.« Nun, es ist anders gekommen. Wie stehen die Chancen für uns? Werden wir es erleben?

KAPITEL 2

»Ich ersetze die Kuh«

In der Start-up-Nation Israel arbeiten gleich
mehrere Firmen an dem neuen Fleisch.
Mit unterschiedlicher Motivation aber doch
gleichem Ziel. Die Gelder für die Forschung
kommen auch aus Deutschland.

Als Shir Friedman zum ersten Mal von dem neuen Fleisch hörte, war das Internet noch nicht das, was es heute ist. Sie las davon in einem Magazin – aus Papier –, wie sie betont. Sie war damals 18 Jahre alt. An einen Satz erinnert sich Friedman: Fleisch essen ohne das Rind. Das blieb hängen. Sie schnitt den Artikel aus und hängte ihn sich an die Wand. Sie dachte: »Wenn das keine Science-Fiction ist, dann ist das krass. Wir könnten den Menschen genau das geben, was sie wollen, ohne die schrecklichen Begleiterscheinungen der Fleischproduktion.«

Es muss um das Jahr 2008 gewesen sein, bevor es richtig losging und das Thema Kulturfleisch fast noch unbekannt war. Es war ein Artikel über die Forschung in den Niederlanden. Das Team um Mark Post und Willem van Eelen hatte den ersten Burger noch nicht präsentiert, die Brin-Foundation noch nicht bei ihnen angerufen.

»Die Umwelt und die Tiere lagen mir schon immer am Herzen«, sagt Friedman. Mit 16 wurde sie vegan, schon davor hatte sie kein Fleisch gegessen. Heute leitet Shir Friedman zusammen mit ihren Kollegen Koby Barak und Ido Savir das israelische Start-up SuperMeat, das kultiviertes Hühnerfleisch auf den Markt bringen möchte. Friedman hat braune, lockige Haare, trägt dunklen Lippenstift. Als sie vegane Kekse anreicht, fügt sie fast entschuldigend hinzu: »Das ist der polnische Teil in mir: Ich möchte allen Essen anbieten.« Auch wenn sie das heute nicht mehr so gerne in den Vordergrund stellt: SuperMeat ist ein idealistisches Projekt. Natürlich möchte das Start-up Geld einnehmen, aber die treibende Motivation ist ihr Engagement für die Tiere. Deswegen setzten sie auch als erstes Clean-Meat-Start-up auf Hühner. Kein anderes Landtier wird in so hoher Zahl gezüchtet, geschlachtet und verspeist. Wie ein religiöser Konsens verbietet keine der großen Weltreligionen Hühnerfleisch.

Ihre beiden Mitgründer lernte sie bei ihrem Engagement für die Tiere kennen. Sie waren aktiv in einer der ersten Tierrechtsgruppen in Israel: »Shevi«, eine Abkürzung für »Tierbefreiung Israel« und gleichzeitig das hebräische Wort für Gefangenschaft. Das Logo zeigt Gitterstäbe, zwei sind verbogen wie ein geöffneter Käfig.

Auf der Straße klärten sie Passantinnen und Passanten über das Tierleid in der Massentierhaltung auf, aber auch über die Folgen des Fleischkonsums für die Umwelt. Sie verteilten Flyer und organisierten Vorträge. Regelmäßig gaben sie vegane Kostproben aus. Shir Friedman war damals bekannt für ihren Schokobananenkuchen.

Schon damals war ihr Fokus die Fleischindustrie. Eine bewusste Entscheidung, denn in keinem anderen Bereich kommen so viele Tiere zu Schaden wie hier. Nicht im Tierversuch, nicht im Zoo und nicht im Zirkus. Shevi war nicht nur eine der ersten Gruppen in Israel, die sich für Tierrechte einsetzte, sondern, so heißt es, auch eine der einflussreichsten in dieser Zeit.

»Fast alle essen Fleisch, aber die wenigsten fragen
sich, warum sie es tun«, sagt Friedman. In den Ge-

sprächen auf der Straße lernte sie den entscheidenden Grund: der Geschmack. Niemand isst Tiere, weil Schlachthäuser so toll sind. Doch das Flyer-Verteilen reichte ihr nicht. »Du sprichst mit zehn, zwanzig Menschen, aber da draußen sind sieben Milliarden.« Und immer mehr von den sieben Milliarden essen immer mehr Fleisch. »Wir haben nicht genug Planet für so viel Fleisch«, sagt Friedman.

Nach ein paar Jahren hatten sie einen neuen Plan. Den Zeitungsausschnitt an ihrer Wand hatte sie nicht vergessen. »Wir hatten immer wieder darüber gesprochen. Wir wussten noch nicht, wie, aber wir wollten etwas zu der Sache beitragen«, sagt Shir Friedman. Sie schrieb sich zusammen mit Koby Barak für ein Biologiestudium ein. Sie wollten lernen, die Sache mit dem neuen Fleisch zu verstehen. Ist es tatsächlich möglich, Fleisch ohne Tiere wachsen zu lassen? »Damals wusste ich noch kaum etwas über das Thema«, sagt sie. Ihr damaliger Mitstreiter und heutiger Firmenkollege Ido Savir verstand die Entscheidung nicht wirklich. »Ich dachte, sie seien etwas verrückt.«

Nach dem Studium gründeten sie eine Organisation, um das Thema bekannter zu machen. Die Modern Agriculture Foundation. Es sollte der neuen Art, Fleisch herzustellen, eine Plattform geben. Ihre Absicht war es, Gelder für die Forschung an dem neuen Fleisch zu sammeln. Sie bekamen viele Anfragen von Menschen, die in Clean-Meat-Firmen investieren wollten. Aber auch von talentierten Wissenschaftlerinnen und Wissenschaftlern, die sich in dem Bereich einbringen wollten. »Wir waren naiv«, sagt Friedman. »Wir dachten, wir könnten Gelder für die Forschung auf gemeinnützigem Weg sammeln. Aber die Forschung braucht mehrere Millionen Dollar.« Die Leute wollten Geld investieren, nicht spenden. Ohne Firma, die zu dem Fleisch arbeitet, würde es nicht einfach werden. Friedman erinnerte sich: »Wir sahen diese riesige Lücke, die gefüllt werden musste, und überlegten, warum sollen wir nicht diese Firma sein?«

Nicht mehr nur mit Flugblättern, sondern mit Fleisch wollen sie jetzt überzeugen. Den Straßenaktivismus hinter sich lassen und im Labor für eine bessere Welt für die Tiere kämpfen. Mit echtem Fleisch, ohne Schlachtung. Ihre Motivation ist noch die gleiche, doch ihr Weg ein anderer. Ohne den Altruismus der drei Gründer gäbe es heute die Firma nicht.

Ihnen gelang es, gleich zu Beginn viel Aufmerksamkeit zu erregen. Mit einer Crowdfunding-Kampagne sammelten sie ihr Startkapital: eine Viertelmillion Dollar. In der Crowdfunding-Kampagne war es möglich, das Fleisch vorzubestellen. Jede Person, die die Kampagne finanziell unterstützte, bekam einen Gutschein für das neue Fleisch. So kamen über 3.000 Bestellungen zusammen[4]. Shir Friedman und ihr Team wollten damit zeigen, dass die Menschen bereit sind, das Fleisch zu kaufen. Doch wann werden die Bestellungen ausgeliefert?

Wie bei Start-ups üblich, werden erst mal nur Produktideen beworben. Ob es das Fleisch tatsächlich in die Supermärkte schafft, ist noch ungewiss. Während andere Clean-Meat-Start-ups schon Produktproben, Fleischhäppchen zur Verköstigung der Presse angeboten haben, hat SuperMeat noch keinen Beweis ihrer Technologie öffentlich präsentiert. Nur Investoren durften schon probieren. Doch Ido Savir, Mitgründer von SuperMeat, sieht das gelassen. »Wenn andere Firmen vor uns ein Produkt auf den Markt bringen, macht es das einfacher für uns – nicht schwerer. Das bestätigt nur den Investoren, dass es möglich ist und tatsächlich Realität wird.«

Laut ihrem eigenen Zeitplan möchten sie ihre ersten Produkte 2022 an Restaurants verkaufen. Als Erstes die Restaurants zu beliefern, gibt ihnen die Sicherheit, dass das Produkt in den richtigen Händen ist. Das erste Geschmackserlebnis des neuen Fleisches ist prägend und soll deswegen so gut sein, wie es nur geht. Ein zweites erstes Mal wird es nicht geben. Restaurants sind aber auch attraktiv, weil das Fleisch am Anfang nicht mit den günstigen Preisen im Supermarkt mithalten kann. Ab 2024 könnte es das Fleisch dann auch dort zu kaufen geben, so ihre groben Berechnungen. Die ersten Produkte, da sind sie sich sicher, werden eine Mischform aus Clean Meat und pflanzlichem Fleisch sein. Das neue Fleisch in reiner Form wird wohl die ersten Jahre zu teuer sein.

Anfang 2018 gab die deutsche Firma PHW bekannt, sie habe in SuperMeat investiert[5]. PHW ist Deutschlands größter Geflügelzüchter, der vor allem durch seine Marke Wiesenhof bekannt ist. Bekannt ist Wiesenhof auch durch Bilder von leidenden Hühnern und Enten, die von Tierschützern immer wieder veröffentlicht wurden (lt. ARD-Dokumentation »Das System Wiesenhof«). Für viele Verbraucherinnen und Verbraucher ist Wiesenhof der Inbegriff tierquälerischer Massentierhaltung. Ein Widerspruch für die früheren Aktivisten von SuperMeat? Im Gegenteil: Für Shir Friedman ist gerade das das Schöne an Clean Meat. »Du bist kein Konkurrent der Fleischfirmen. Du gehst Hand in Hand mit ihnen.« Sie sehen PHW als Partner, um ihre Produkte auf den Markt zu bekommen. Ein Vertriebsweg direkt nach Europa und Deutschland.

Tatsächlich zeigen sich viele Fleischfirmen sehr offen für die neue Technologie. Einige Firmen haben sogar ein ganz neues Eigenverständnis entwickelt: Sie sehen sich nicht mehr nur als Fleischfirmen, sondern als Proteinproduzenten. Der PHW-Chef Peter Wesjohann sagte auf einem Berliner Kongress: »Wir wollen ein Anbieter hochwertiger Proteine sein. Ganz egal, ob tierische, pflanzliche oder Proteine aus dem In-vitro-Bereich. Wir haben uns auf den Weg gemacht und sind längst noch nicht am Ziel.« Wie viel Geld PHW in SuperMeat investiert hat, wurde nicht bekannt gegeben.

SuperMeat hat seine Büros und Labors in einem Coworking-Space für Bio-Start-ups in Rechovot, einem Vorort südlich von Tel Aviv. An der Wand in dem Flur hängt ein Zitat von Albert Einstein: »Das Leben ist wie ein Fahrrad. Man muss sich vorwärtsbewegen, um das Gleichgewicht nicht zu verlieren.« Shir Friedman bezeichnet Rechovot als Israels Hauptstadt der

Wissenschaft und der Biotechnologie. Das Stadtwappen zeigt zwei an einem Ast hängende Orangen, ein aufgeschlagenes Buch und ein Mikroskop.

Es sind hektische Tage für SuperMeat. Es gibt viel zu tun, was auch immer das sein mag. Es gibt keine Führung durch das Labor, und Zeit für Bilder haben sie nicht. Wer zu Clean Meat recherchiert, gewöhnt sich schnell an das Geheimnisvolle. Es heißt, der wissenschaftliche Ansatz von SuperMeat ist ungewöhnlich, aber vielversprechend. Doch was das genau bedeutet, verrät einem niemand. Shir Friedman bleibt in ihren Formulierungen vage. »Wir haben einen Weg gefunden, das Fleisch auf einem einzigartigen Weg herzustellen. In großen Mengen und günstig.«

Wer die Büros von SuperMeat in dem Coworking-Space verlässt, vorbei am Besprechungsraum und dem gemeinsamen Laborbereich, den engen Gängen folgt, kommt zu dem Arbeitszimmer von Neta Lavon.

Kein Tageslicht dringt in ihren Raum. Das einzige Fenster führt zurück auf den Flur. Wenn dort zu laut geredet wird, schließt Lavon das Fenster. An der Wand hat sie bunte Mikroskop-Aufnahmen von Muskelzellen, an ihrer Pinnwand eine Kinderzeichnung ihrer zehnjährigen Tochter aufgehängt: eine schwarz-weiß gefleckte Kuh auf einer grünen Wiese. In großen Buchstaben steht darüber »Aleph Farms«, der Name der Firma, für die Neta Lavon arbeitet. Sie sagt: »Meine Tochter ist ein großer Fan der Firma. Sie hat ein Herz für Tiere. Als ich ihr erzählte, woran wir hier arbeiten, wurde sie Vegetarierin.«

Neta Lavon trägt eine Brille und hat schulterlange hellbraune Haare. Sie ist wissenschaftliche Chefin von Aleph Farms, die genau wie SuperMeat versucht, Fleisch ohne Tiere wachsen zu lassen. Ihre Doktorarbeit machte sie zum Thema Stammzellenforschung. Bevor sie bei Aleph Farms anfing, war sie die erste Angestellte und spätere Leiterin der operativen Aufgaben einer israelischen Firma, die an Stammzellentherapien für ALS-Patienten arbeitet.

»Als Wissenschaftlerin ist dir niemals langweilig«, sagt sie. Sie sitzt im Labor und macht, was sie am liebsten macht: Zellen unter dem Mikroskop beobachten. In rosa Flüssigkeit schwimmen sie in ihrem Nährmedium. Zufrieden sagt Lavon: »Den Zellen geht es heute sehr gut!«

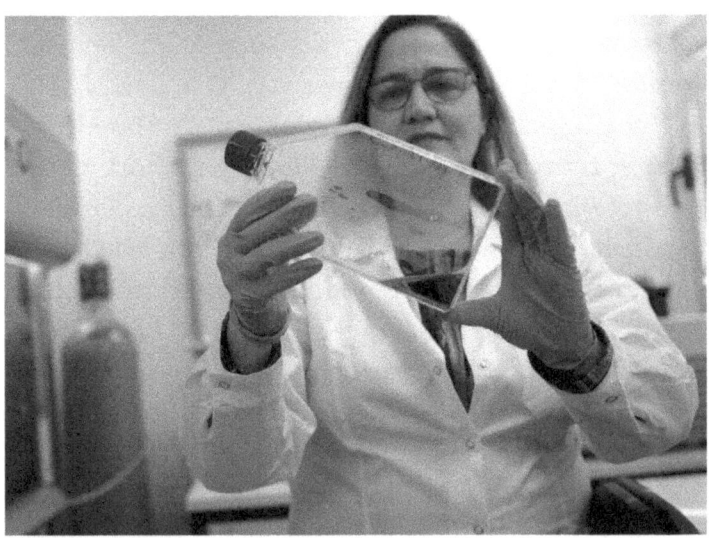

Neta Lavon prüft, wie es den Zellen geht

So nah an der Konkurrenz von SuperMeat zu arbeiten, macht sie nicht nervös. »Manchmal leihen wir uns Chemikalien aus. Wir unterhalten uns über Reisen, Essen, unsere Familien. Wir sprechen über alles, außer über unsere Forschung.« Eine ungeschriebene Regel lautet: Niemand betritt das Labor der anderen. Das scheint zu funktionieren: Die Türen, so erzählt Lavon, werden nicht abgeschlossen. Angst vor Industriespionage haben sie nicht. Sie sehen es als *Co-Ompetition*, eine Mischung aus Kooperation und *competition*. Sie arbeiten schließlich für die gleiche gute Sache.

Ursprünglich hieß die Firma »Meat The Future«, der Zukunft begegnen in Form von gewachsenem Fleisch. Aber nach ein paar Monaten wurde der Name geändert. Eine Dokumentation über Clean Meat war auf denselben Namen als Titel gekommen. Heute ist Lavon froh, dass es so gekommen ist. Der Name ist zu weit entfernt von der Gegenwart, hat zu wenig Bezug für Verbraucherinnen und Verbraucher. »Es geht hier nicht um die ferne Zukunft«, sagt Lavon. »Wir planen, unsere Produkte in ein paar Jahren auf dem Markt zu haben.«

Der Name Aleph Farms geht auf den ersten Buchstaben zurück, steht für den Anfang, etwas Neues. In den antiken Schriften stellt der Buchstabe den Kopf eines Rindes dar, wie er heute in dem Logo der Firma zu sehen ist. Die Firma forscht ausschließlich zu Rindfleisch. Doch nicht irgendein Stück Rindfleisch. Die Firma hat es auf die höchste Kunst der neuen Fleischproduktion abgesehen: Sie arbeiten an einem Steak.

Viele Start-ups trauen sich da nicht ran. Noch nicht. Zu komplexe Gewebestrukturen, viel zu kompliziert herzustellen. Einfache Fleischprodukte wie Hackfleisch, Burgerbratlinge, Chicken Nuggets sind für viele Firmen die ersten, aber immer noch ambitionierten Ziele. Aleph Farms ist da schon weiter.

Erste Ergebnisse hat die Firma schon präsentiert. In einem Video zeigen sie ihr erstes markttaugliches Produkt: ein Ministeak. In dem Video sieht man einen Koch das Stück Fleisch zubereiten. »Eigentlich habe ich den Großteil der Arbeit geleistet und nicht der Koch«, sagt Neta Lavon. »Meine Arbeit passiert im Hintergrund. Ich habe die Kuh ersetzt.«

Aleph Farms hat in dem Video bewusst keine Wissenschaftler im Labor gezeigt. Ähnlich wie eine Werbung für Ravioli nicht die Fabrik zeigt, in der die Dosen abgefüllt werden. Doch es geht auch um ein Missverständnis: Selbst wenn heute in einem Labor an dem Fleisch geforscht wird, die eigentlichen Produkte werden zukünftig anders hergestellt. Mit Pipette, Petrischale und Mikroskop – das zeigt, dass gerade an dem Produkt geforscht wird und wie Prototypen des Fleisches entstehen. Für eine Massenproduktion wäre das viel zu aufwendig. Die Pioniere der neuen Fleischproduktion sehen die zukünftige Produktion eher in einer Fleischbrauerei in großen Tanks.

Erste Testverköstigungen haben sie bereits veranstaltet. Ein Journalist des Wall Street Journals durfte

das Fleisch schon probieren. Sein Urteil: »Es ist zwar

nicht das beste Steak, das ich je gegessen habe, aber ich muss sagen, es ist ziemlich gut.«[6] Ein anderer anwesender Journalist lässt mich per E-Mail wissen: »Der Prototyp hat sich wie Fleisch ›angefühlt‹, wobei ich anmerken muss, dass das Teststück sehr klein war.« Nicht größer als eine Kreditkarte ist das Steak und auch nicht sehr viel dicker. Zwei Dinge werden deutlich: Es ist noch einiges an Arbeit, bis es ein Steak geben wird, das ohne Schlachthaus auskommt. Aber es zeigt auch, dass es schneller ging, als von vielen erwartet. Spätestens 2023 möchte Aleph Farms ein ähnliches Produkt auf den Markt bringen. Damit gehen sie es langsamer an als andere Firmen, die schon früher Produkte fertig haben wollen. Neta Lavon sieht es gelassen: »Mit einem Steak haben wir uns für einen längeren Weg entschieden. Unsere Technologie ist unser Vorteil. Den sollten wir nutzen.«

Den technologischen Vorsprung verdankt Aleph Farms der Forschung eines jungen Wissenschaftlers: Tom Ben-Arye, ein guter Bekannter der SuperMeat-Gründer Shir Friedman, Ido Savir und Koby Barak. Noch heute sind Friedman und Tom Ben-Arye gute Freunde. Sie waren zusammen aktiv bei der Tierrechtsorganisation Shevi. Tom Ben-Arye kümmerte sich um die Webseite und arbeitete mit den anderen über Jahre viele Stunden am Tag für ihre Organisation. Er besuchte noch vor den anderen die Universität, um Biologie zu studieren mit dem Ziel, mehr über Clean Meat zu lernen. Ein Jahr später folgten ihm Friedman und Barak.

Doch anders als die beiden blieb er an der Universität. Er bekam einen Job in dem angesehenen Labor von Professorin Shulamit Levenberg. Das beste Labor auf dem Gebiet in Israel, heißt es. Dort wird an Regenerativer Medizin, beispielsweise zu Muskeltransplantationen, geforscht. Mit Schwerpunkt auf der Entstehung von dreidimensionalen Gefäßstrukturen. Relevantes Wissen für das neue Fleisch, doch in dem Labor wird es ausschließlich in der Humanmedizin angewendet. Tom Ben-Aryes Ziel war es, sein Wissen und das des Labors für die Forschung an dem neuen Fleisch zusammenzuführen. »Ich ging zu ihr und sagte, ich will zu Clean Meat arbeiten. Sie antwortete: Was soll das sein? Kommt nicht in Frage!« Ben-Aryes ließ nicht locker. Nach ein paar Monaten fragte er sie erneut. Wieder zeigte sie kein Interesse.

Erst als er ein mündliches Angebot von Mark Post hatte, in seinem Labor zu arbeiten, kündigte er seiner Chefin an, das Labor zu verlassen, um an Kulturfleisch zu forschen. Schließlich willigte sie ein. Ihre 20-jährige Erfahrung konnte er so für die Forschung an dem neuen Fleisch nutzen. »Meine Arbeit war es, die menschlichen Zellen mit Rinderzellen zu ersetzen«, sagt Ben-Arye. »Das hört sich einfacher an, als es ist.« Eine Schwierigkeit ist es, die hohen Kosten der medizinischen Materialien mit günstigen und essbaren Alternativen zu ersetzen. In der Humanmedizin wächst das Fleisch an Strukturgerüsten aus Plastik. Essen will so was keiner. Also muss eine essbare Alternative zu dem Plastikgerüst entwickelt werden, an der das Fleisch wachsen kann.

Dass Aleph Farms in kurzer Zeit große Entwicklungs-schritte gehen konnte, wäre ohne den Zugang zu dem Wissen in dem Labor von Professorin Levenberg nicht möglich gewesen. Andere Start-ups stehen am Anfang bei null, oft haben sie nicht mehr als eine Idee, wie es umgesetzt werden kann. Neta Lavon sagt: »Den Grundstein für die Technologie der Firma legte Tom mit seiner Forschung.«

Das Burgerfleisch, das Mark Post 2013 präsentierte, bestand ausschließlich aus Muskelzellen. Deswegen überzeugte der Burger noch nicht ganz im Geschmack: Das Fett als Geschmacksträger fehlte. Das Fleisch von Aleph Farms beinhaltet neben den Muskelzellen auch Blutgefäße, Zwischengewebe und die Fettzellen. So-weit es wissenschaftliche Veröffentlichungen verra-ten, unterscheidet sie das nicht nur von den anderen Firmen in Israel, sondern auch weltweit.

Freude über das erste Steak, Aleph Farms, Israel

Ein richtiges Steak aus Kulturfleisch, größer und vor allem dicker, ist noch in weiter Ferne. Eine seriöse Zeiteinschätzung, wann es so weit ist, kann Neta Lavon nicht geben. Es wird ein eigenes, neues Produkt sein. Erst muss sich die Forschung weiterentwickeln. Dass das Ministeak so dünn ist, liegt daran, dass es noch keine Technologie gibt, die die Zellen von dickerem Gewebe mit Nährflüssigkeit versorgen kann. Aber es bleibt das große Ziel der Firma. Neta Lavon sagt: »Wir wissen aus der Forschung, dass es möglich ist. Wir haben es nur noch nicht gemacht.«

Aber auch an dem Ministeak muss noch gearbeitet werden. Wenn es 2023 eine Chance auf dem Markt haben soll, muss vor allem der Preis noch nach unten gehen. Bisher liegt der Preis bei fast 50 Euro für das kreditkartengroße Stück Fleisch. »Das ist noch zu teuer für ein Ministeak«, sagt Lavon. Ihren Berechnungen nach wird es aber auch bei Markteinführung etwas teurer als konventionelles Fleisch sein. Das ist einer der Gründe, warum sich das Team von Neta Lavon für Rindfleisch entschieden hat. »Schon jetzt gibt es exklusive Steakprodukte, und die Leute sind bereit, dafür mehr zu zahlen.« Anders als vielleicht erwartet, könnte das neue Fleisch erst mal als Premiumprodukt auf den Markt kommen. Billigfleisch ist zur Massenware geworden. Bis es Kulturfleisch bei McDonald's zu kaufen gibt, wird es noch länger dauern. So wie früher Fleisch ein wertvolles Lebensmittel war, wird es das neue Fleisch auch sein. Zumindest vorerst.

Aleph Farms hat ein Patent eingereicht, das gerade geprüft wird. Die ersten Gelder bekam Aleph Farms über ein Incubatorprogramm der Strauss-Group, einem israelischen Lebensmittelkonzern. Der Konzern ist in Familienbesitz, Anteile haben jedoch auch internationale Firmen wie Danone, PepsiCo oder Virgin. Finanziell beteiligt ist an dem Incubatorprogramm auch der israelische Staat. Gerade hoffen Neta Lavon und ihr Team auf weiteres Investment. »Ich habe schon einen genauen Plan, wie ich das Geld ausgeben werde«, sagt Lavon. »Es ist kein einfaches Projekt, an dem wir arbeiten, viele Dinge müssen noch erforscht werden. Dafür brauchen wir teure Laborausrüstung.« Ein Büro einzurichten ist im Vergleich kein Problem, da braucht es nicht mehr als einen Drucker.

Aleph Farms plant gerade den Umzug in ein neues Büro. Anfang 2020 wollen sie das Team verdoppelt haben. 20 Menschen sollen dann an dem Ministeak arbeiten. Für eine Firma mit ihrem Ziel ist das nicht gerade ein großes Team. Vielleicht hilft es, dass das Steak nicht besonders groß werden soll.

Die Tierrechtsgruppe Shevi gibt es heute nicht mehr. Viele, die in der Gruppe aktiv waren, arbeiten heute an dem neuen Fleisch. So wie Tom Ben-Arye, aber auch die Gründer von SuperMeat. Ben-Arye möchte eigene Wege gehen. Er plant, wissenschaftlicher Berater zu werden, um so mehr zu bewirken. »Den Samen zu setzen ist viel wichtiger, als dem Baum beim Wachsen zu helfen«, sagt er. »Ob du den Job in der Firma machst oder jemand anderes, das macht keinen großen Unterschied.« Er gibt sich bescheiden. »Ich habe alles, was ich brauche: ein Dach über dem Kopf, genug zu essen. Ich habe ein gutes Leben.« Geld sei ihm nicht wichtig, er möchte lieber dieses Problem lösen.

Tom Ben-Arye verfolgt mit der Arbeit im Labor immer noch das gleiche Ziel wie früher: Er möchte den Tieren helfen. Für ihn ist das neue Fleisch der einfachste Weg, über Tierrechte aufzuklären. Er sagt: »Wenn ich heute in meinen Vorträgen über Kulturfleisch von den Problemen der Fleischindustrie erzähle, haben die Menschen keine Angst, dass ich sie vom Vegetarismus überzeugen will. Wenn ich nicht von Clean Meat sprechen würde, würde mir niemand zuhören.«

In Jerusalem sitzt die Firma Future Meat Technologies. Der technische Firmenname ist Programm: Sie denken weniger an finale Produkte. Keine Wurst, kein Steak, kein Hackfleisch. Die Firma möchte kein Fleisch verkaufen, sondern Zutaten, die Firmen ermöglichen, selbst Fleisch herzustellen. Ihre Idee: ein »Meat Maker«, eine Fleischmaschine.

Rom Kshuk ist der Geschäftsführer der Firma. Er trägt eine runde Brille, hat kurze rote Haare und einen Stoppelbart. Bevor er sich für das neue Fleisch interessierte, gründete er zwei andere Start-ups. Einmal ging es um verbesserte Plastikflaschen, das andere Start-up nutzte Dattelkerne, für die es sonst keine Verwendung gibt, als Kaffeealternative. Ein Produkt, das es heute noch in Biomärkten in Israel zu kaufen gibt.

Rom Kshuk stellt sich die Idee seiner Firma folgendermaßen vor: »Wir arbeiten an einer neuen Art eines

Bioreaktors, der auf die Bedürfnisse der Fleischherstellung zugeschnitten ist.« Herstellen soll der Bioreaktor keine komplexen Fleischstrukturen wie Muskelfleisch, sondern eher eine einfache Fleischmasse. »Wir liefern das Rohmaterial für andere Firmen. Die Produkte sollen durch Zusammenarbeit entstehen und auf den Markt gebracht werden«, so Kshuk. »Unsere Maschinen könnten an Landwirte oder den Lebensmitteleinzelhandel verkauft werden, die damit ihre eigenen Chicken Nuggets oder Würstchen herstellen können.« Er sieht darin vor allem einen finanziellen Vorteil. »Für die Maschinen brauchen wir keinen enormen Investitionsaufwand. Für eine Fabrik mit großen Bioreaktoren brauchst du schnell 30 Millionen Dollar.«

»Wir sind in Kontakt mit ein paar Firmen, die großes Interesse zeigen, Palmöl oder Kokosöl durch unsere tierischen Fette zu ersetzen«, sagt Kshuk. Vielleicht werden sie auch nur tierisches Fett herstellen, das in Fleischersatzprodukten zum Einsatz kommen kann. So könnten die bisher fleischfreien Produkte einen fleischähnlicheren Geschmack bekommen und saftiger werden. Aber auch als Alternative zu Fetten wie Palmöl könnte es eingesetzt werden. Auch für Schokoriegel, kann sich Rom Kshuk das vorstellen.

Teure Premiumfleischprodukte interessieren ihn nicht. »Das Ziel der Clean-Meat-Industrie sollten Produkte sein, wie es sie bei McDonald's gibt: tiefgefrorene Chicken Nuggets in Form von Dinosauriern für Kinder.« Er glaubt nicht, dass die Technologie von

Aleph Farms in großem Maßstab für den Massenmarkt funktionieren und der Preis für das Ministeak nach unten gehen wird.

Sein primäres Ziel: Die Kosten für das neue Fleisch müssen gesenkt werden. Und zwar ordentlich. »Wir müssen jetzt beweisen, dass wir in der Lage sind, das Fleisch zu einem günstigen Preis herzustellen«, sagt er. Den Preis zu senken bedeutet, eine kostengünstigere Lösung für das Nährmedium zu finden, in dem das Fleisch wächst. Denn laut Berechnungen macht die Flüssigkeit 80 % des Preises von Kulturfleisch aus.

Future Meat Technologies setzt da vor allem auf Reduktion: Sie wollen deutlich weniger Nährmedium für die Fleischherstellung verwenden. Anstelle komplett ausgetauscht soll es wieder mit benötigten Nährstoffen angereichert werden. Am Ende sollen so nur zwei bis drei Liter Nährflüssigkeit pro Kilo Fleisch benötigt werden. Das ist zumindest ihr Plan.

Noch können sie ihn nicht umsetzen, aber sie haben ein »Proof of Concept«, einen Beweis, dass ihr Ansatz möglich ist. Ihr Ziel für 2021 ist es, ein Kilo Fleisch für unter 40 Euro wachsen zu lassen. Momentan liegen ihre Kosten für ein Kilo noch bei 7.000 Euro. Ein weiter Weg, doch Rom Kshuk ist zuversichtlich. »Momentan arbeiten wir daran, den Preis auf unter 1.000 Euro zu bekommen. 2023 wollen wir dann bei sechs Euro sein.« Wo ein akzeptabler Preis für das neue Fleisch liegen wird, lässt sich schwer sagen. Wiesenhof verkauft aktuell seine veganen Chicken Nuggets für 1,60 Euro pro 100 Gramm. Verbraucherinnen und Verbraucher scheinen einen Supermarktpreis von 16 Euro pro Kilo für ein Alternativprodukt zu akzeptieren.

Anders als bei SuperMeat hat für Rom Kshuk Clean Meat nicht wirklich viel mit einer selbstlosen Idee zu tun. »Das hier ist keine altruistische Industrie. Momentan kann man sich das nicht leisten.« Er hofft, dass der Altruismus später kommt, wenn sich die Firmen weiterentwickelt haben und der finanzielle Druck geringer ist.

Als Investoren haben sie den amerikanischen Fleischkonzern Tyson Foods gewinnen können. Die Firma ist der zweitgrößte Verarbeiter und Vermarkter von Hühner-, Rinder- und Schweinefleisch der Welt. Aber auch ein Risikokapitalanleger aus China und ein Investor aus Deutschland, der anonym bleiben möchte, gehören zu ihren Geldgebern. Insgesamt hat sich Future Meat Technologies so über zwei Millionen Euro sichern können. Noch arbeiten gerade mal fünf Leute in Vollzeit für die Firma.

Rom Kshuk begleitet mich durch das Universitätsgebäude zu seinem Kollegen Yaakov Nahmias, Gründer der Firma. Er ist Wissenschaftler, trägt kurze schwarzgraue Haare und hat eine große, kräftige Statur. Er forschte als Dozent an der Harvard Medical School an künstlicher Gewebezüchtung. Früher hat Nahmias mit SuperMeat gearbeitet, wurde aber nicht glücklich mit deren wissenschaftlichem Ansatz. Deswegen gründete er seine eigene Firma.

Bevor Yaakov Nahmias zu erzählen beginnt, nimmt er sich einen quadratischen, gelben Notizzettel und fängt an, ihn zu falten. Es scheint, als schenke er diesem gelben Zettel und der Falttechnik seine volle Konzentration. Er spricht wie nebenhbei mit hoher Stimme von den unterschiedlichen wissenschaftlichen Ansätzen der Start-ups und den verschiedenen Arten der Zellen als Ausgangsmaterial für das Kulturfleisch. Er erzählt, wie Rom Kshuk zu der Firma kam und sie Tyson Foods als Investor gewinnen konnten.

Als er fertig mit dem Falten ist, legt er das Papier auf den Tisch. Es ist eine gelbe Papierblume geworden, nicht größer als ein Finger. Sein Kollege Rom Kshuk klopft an seine Zimmertür, erinnert ihn an ein Meeting. Eine letzte Frage: Warum macht er das alles, was ist seine Motivation? Nahmias holt sein Smartphone heraus, wischt darauf herum. Dann legt er es neben die Papierblume auf den Tisch. »Für die hier!« Sein Telefon zeigt ein Bild seiner Kinder. Er möchte die Welt für die nächste Generation bewahren – könnte man meinen. Doch seine Motivation ist nicht etwa, dass seine Kinder auf einem gesunden Planeten leben können. Es geht ihm nicht um das Klima oder das Tierleid. Weder Welthunger noch Wasserknappheit treiben ihn an. Koby Nahmias lässt keinen Zweifel: »Meine Motivation ist rein egoistisch. Meine Mutter hat mir als Kind Lammkebab und Hühnerschnitzel gemacht. Wenn wir die Fleischproduktion nicht radikal ändern, gibt es Hühnerschnitzel in Zukunft nur noch für die Milliardäre.« Und nicht für seine Kinder.

KAPITEL 3

Ein Stall in San Francisco

Eitan Fischer ist studierter Philosoph und setzt sich heute ganz praktisch für eine bessere Welt ein. Seine Mission: Tiere für die Fleischherstellung überflüssig zu machen. Seine Methode: ein eigenes Start-up.

Bunt ist es hier. Ganze Häuserfassaden sind mit Kunstwerken in leuchtenden Farben bemalt. Die Pride-Flaggen in Regenbogenfarben hängen gefühlt an jeder zweiten Straßenecke. Hoch gewachsene, leicht schiefe Palmen, auf halber Höhe an einer Straßenlaterne ein grünes Schild mit weißer Aufschrift »Mission«.

Es ist eines der beliebtesten Viertel in San Francisco. Wer sich bei Instagram die Bilder mit der Ortsangabe »Mission District« anschaut, sieht vor allem Menschen, die lässig posierend vor den bunten Wänden stehen. Restaurants mit internationaler Küche prägen das Straßenbild. Asiatisches, äthiopisches und vor allem mexikanisches Essen. Bücherläden und Geschäfte, die irgendetwas zwischen Kinderspielzeug und kleinen Kunstgegenständen verkaufen, wahrscheinlich als verspielte Inneneinrichtung gedacht. Wer einen Designersessel für 2.000 Dollar sucht, wird in diesem Stadtteil fündig. Während des Dotcom-Booms Ende der Neunziger zogen viele junge Gutverdienende in die Gegend und ließen die Mietpreise stark ansteigen. Eine schöne, kunterbunte Welt für alle zahlungskräftigen Menschen mit US-Pass oder Kosmopoliten dieser Welt.

Kann hier in einem Hinterhof das neue Fleisch entstehen? Eine Fabrik, die vielleicht die ganze Stadt mit Fleisch versorgen könnte?

Das war ein bisschen die Idee von Eitan Fischer, als er vor ein paar Jahren hier lebte. Der Name des hippen Bezirkes ist in den Namen seiner Firma übergegangen: Mission Barns. Ein Stall in San Franciscos

Missiondistrikt. Ihm gefiel das Absurde daran. »Es ist der unwahrscheinlichste Ort für Fleischproduktion«, sagt er. Kaum vorstellbar, dass hier ein Tiertransporter durch die Straßen fährt und die Tiere in einem Haus mit farbenfroher Fassade geschlachtet werden. Oder ist mit dem Firmennamen seine Mission gemeint, auf der er sich befindet? Die Mission, Tiere aus der Nahrungskette zu befreien. So sicher ist sich Eitan Fischer mit der genauen Bedeutung des Namens nicht. Beide Lesarten gefallen ihm.

Heute wohnt er nicht mehr im Mission District, er arbeitet auf der anderen Seite der Bucht in Berkeley. Zu unserem Treffen kommt er mit dem Fahrrad und trägt einen schwarzen Kapuzenpullover. Er spricht in kurzen Sätzen, gibt keine langen ausschweifenden Antworten. Entschuldigt sich für die wenigen Informationen, die er preisgeben kann. Bisher hat er mit wenigen Medien über seine Firma gesprochen. Möglichst unauffällig arbeitet seine Firma seit einem Jahr an neuem Fleisch.

Fischer gibt sich pragmatisch. Die in den USA vehement geführte Debatte, wie das Fleisch genannt werden soll, kümmert ihn nicht. Clean Meat, Kulturfleisch oder zellbasiertes Fleisch? Ihm geht es um die Sache, seine Mission – und die benennt er so: »Wir wollen Fleischprodukte herstellen, die echt und unverwechselbar oder vielleicht sogar besser sind als konventionelles Fleisch.« Während er von der Zukunft der Fleischproduktion erzählt, steht vor ihm ein Curry mit Brokkoli und Tofu.

Eitan Fischer, in den USA geboren, verbrachte seine Kindheit in Israel, in einer kleinen landwirtschaftlichen Gemeinschaft im Süden des Landes. Die Dörfer in der Gegend entstanden in den 50er-Jahren. »Ich sah so ziemlich jede Form der Landwirtschaft«, sagt er. Als kleines Kind lebten Hühner und Kühe im Hinterhof. Doch zu der Zeit wuchs sowohl die Bevölkerung als auch die Nachfrage an Fleisch. Der Beginn der industriellen Tierhaltung passierte direkt vor seinen Augen. Eitan Fischer erinnert sich: »Als ich dort groß wurde, sah ich, wie Legebatterien entstanden.« Kleine landwirtschaftliche Betriebe wurden immer seltener. Fischer sagt: »Sie sind einfach nicht effizient genug, verglichen mit der modernen Tierhaltung.«

Als Teenager zog er mit seiner Familie zurück in die USA. Er hörte von der steigenden Nachfrage an Fleisch, dass sich bis 2050 der Fleischkonsum verdoppeln soll. Erst im Rückblick verstand er, was er damals als Kind gesehen hatte. »Ich sah, wie Kühe in ihrem eigenen Kot leben müssen. Das machte das, was gerade auf der Welt passierte, für mich viel realer.« Für ihn war es nicht nur ein wachsender Balken in einer Grafik, er sah die Tiere hinter den Zahlen und kannte die Bedingungen, unter denen sie leben mussten.

Er studierte Philosophie in Stanford, legte seinen Schwerpunkt auf Ethik. Die Diskussionen um die Klimakrise, öffentliche Gesundheitsversorgung und vor allem die Massentierhaltung gingen ihm immer wieder durch den Kopf. Er machte ein Sommerpraktikum bei dem »Centre for Effective Altruism« in Yale. Die

Idee des effektiven Altruismus ist es, Gutes zu tun, das sich messen und beweisen lässt. Nicht die Absicht sei demnach entscheidend, sondern das Ergebnis. Die zentrale Frage im effektiven Altruismus ist: Was ist der beste Weg, um Gutes in der Welt zu tun? In seinem Praktikum untersuchte er die Frage, ob das Nichtkonsumieren von Fleisch überhaupt einen messbaren Unterschied macht. Wenn Menschen mehr vegetarische Produkte kaufen, müssen dann tatsächlich weniger Tiere leiden? Hat eine solche Entscheidung überhaupt eine Auswirkung auf die Tiere? Eine ziemlich simple Frage, die er wissenschaftlich fundiert beantworten wollte. »Viele sagen: Oh, es ist doch egal, was ich kaufe. Tatsächlich macht es einen deutlichen Unterschied. Unsere Gesellschaft ist ein Kollektiv mit individuellen Entscheidungen – und die Wirtschaft passt sich an dieses Verhalten an.«

In der Folge der Auseinandersetzung mit der Fragestellung gründete er eine Organisation, die heute indirekt über die Verteilung von Spenden in Millionenhöhe mitbestimmt[7]: Animal Charity Evaluators, kurz ACE. Idee der Organisation ist es, die besten Wege zu finden, die negativen Auswirkungen der industriellen Tierhaltung zu minimieren. Dabei schauen sie sich die Arbeit verschiedener Tierschutzorganisationen an und bewerten diese aufgrund der von ihnen bereitgestellten Daten nach Effizienz. Doch auch wenn er Mitgründer der Organisation war, blieb er nicht bei ACE. Sein Studium war noch nicht abgeschlossen, ein weiteres, letztes Jahr wartete auf ihn. Er stellte einen Geschäftsführer für ACE ein und zog sich aus der Organisation zurück. Es war sein erstes Start-up – auch wenn es keine Firma, sondern eine NGO war. Vielleicht war es für ihn der beste Weg, Gutes in der Welt zu tun, *nicht* bei einer Organisation zu arbeiten.

Zu der Zeit entstanden in den USA die ersten Foodtech-Firmen, die an vegetarischen Alternativen zu Fleisch arbeiteten. Firmen wie Beyond Meat, die vegetarische Burger herstellen, dabei in Geschmack und Konsistenz Fleisch viel näherkommen wollen als bisherige Produkte. Ihre Zielgruppe sind nicht vegetarisch oder vegan lebende Menschen. Im Gegenteil: Sie wollen all diejenigen, die gerne Fleisch essen, für ihre Produkte gewinnen. Und dafür braucht es ein Geschmackserlebnis, das viel näher am echten Fleisch ist. Die Start-ups investieren deswegen viel in Forschung, um beispielsweise der Textur eines Burgerbratlings näherzukommen. Eitan Fischer sah in den neuen Firmen drei Vorteile. Erstens: Die Produkte schmecken. Zweitens: Sie können die negativen Folgen der Tierhaltung minimieren. Und drittens: Eine effizientere Proteinversorgung kann so erreicht werden. Anstelle der Verfütterung von Pflanzen an Tiere kann direkt Pflanzenfleisch erzeugt werden.

Damals hörte er auch von einer ganz neuen Art, Fleisch herzustellen. Nicht durch eine verbesserte Verarbeitung von pflanzlichen Proteinen, um sie fleischähnlicher zu machen, sondern durch die Gewinnung von Fleisch auf Zellebene. Anfangs war er skeptisch: »Mein erster Gedanke war: Es gibt doch schon sehr gutes pflanzliches Fleisch, das wir weiter verbessern können. Ist es wirklich notwendig, zehn, vielleicht sogar Hunderte Millionen für diese Forschung auszugeben?« Heute denkt Eitan Fischer das nicht mehr. Er ist überzeugt: »Menschen wollen echte Fleischprodukte.« Für ihn schließt das Kulturfleisch mit ein.

»Damals passierte noch nicht viel in der Forschung zu Clean Meat«, sagt Eitan Fischer. »Ich dachte darüber nach, ein Start-up in dem Bereich zu gründen.« Er kannte Josh Balk, einen der Mitgründer der Firma Just, die es sich zum Ziel machte, Eier in Lebensmitteln durch pflanzliche Alternativen zu ersetzen. Am bekanntesten sind sie für ihre Mayonnaise. Aber auch andere eifreie Produkte wie Rührei oder fertigen Keksteig entwickelte die Firma. Letzteres scheint in den USA ein sehr wichtiges Produkt zu sein. Auf der Webseite wird es mit der Aufforderung beworben: »Iss es roh.«[8] Ein klarer Vorteil von Lebensmitteln ohne Ei: Der ungebackene Teig kann völlig bedenkenlos genascht werden.

Anstatt eine eigene Firma zu gründen, wurde er von Just angeheuert. Seine Aufgabe: Er sollte recherchieren, ob es tatsächlich möglich ist, Kulturfleisch herzustellen. Er stellte fest, dass es das war. Danach baute er für die Firma eine Clean-Meat-Abteilung auf, zusammen mit David Bowman, der die wissenschaftliche Führung übernahm. Sie stellten ein Team zusammen und arbeiteten an verschiedenen Prototypen.

In einem fünfminütigen Werbevideo der Firma wird die Geschichte von Ian erzählt. Ian ist ein Huhn mit weißem Gefieder und rotem Kamm, das von Just ausgewählt wurde, um Zellen für die Fleischproduktion zu spenden. Und das auf die unschuldigste Art und Weise überhaupt: durch das Aufheben einer Feder, die Ian verloren hatte. Aus der Feder wurden die Zellen gewonnen, die sich vermehrten. Eitan Fischers Stimme ist in dem Video zu hören, er erklärt, wie die Zellen verwendet werden. Aus den Zellen werden Chicken Nuggets, die von einer sechsköpfigen Gruppe in einem grünen Garten gegessen werden. Mit am Tisch sitzt Eitan Fischer und lacht mit den anderen der Gruppe, während Ian sorglos über die Wiese spaziert. Die Sprecherstimme im Video sagt: »Es war eine außerkörperliche Erfahrung, das Huhn zu essen, das vor unseren Augen um uns herumläuft.« Wobei diese außerkörperliche Erfahrung eher auf Ian zutrifft, doch der ahnte davon wahrscheinlich nichts und suchte nach Würmern.

Die Idee, dass das Tier, von dem die Zellen stammen, bei der Verköstigung noch lebend anwesend ist, hatte bereits das Forscherteam um Mark Post. Nur eben mit einem Schwein. Geklappt hat es nicht. Die Geldgeber aus den USA wollten kein Schwein. Sie wollten einen Burger aus Rindfleisch. Und das Rind, von dem die Zellen kamen, war bei der Präsentation in London längst tot. Da die Entnahme von Zellen an einem lebenden Tier einem Tierversuch entspricht, sind die Hürden dafür recht hoch. Deswegen holten sie ihre Zellen von einem toten Tier aus einem Schlachthaus.

Etwas weniger romantisch als die Geschichte mit der

Feder von Ian. Die Zellen aus der Feder zu gewinnen, meint Mark Post, sei unnötig kompliziert. Er fragte: »Warum machen die es sich so schwer, wenn es viel einfacher geht?« Das Video zeigt, Just versteht es sehr gut, mit Marketing zu arbeiten. Neben Chicken Nuggets arbeitete Just auch an Foie Gras. Ein gutes Produkt für den Anfang. Das Pendant vom Tier ist teuer, tierethisch mehr als umstritten, und die Konsistenz ist einfach herzustellen.

2018, nach eineinhalb Jahren bei Just, entschied sich Eitan Fischer zu gehen. Er wollte seine eigene Firma gründen: Mission Barns. »Wir haben bei Just gute Arbeit geleistet«, sagt Fischer, »aber ich dachte, ich kann mehr bewirken, wenn ich eine neue Firma gründe.« Er sagt, für sein Gehen gab es keinen Auslöser bei der Firma. Für ihn ist klar, Just wird weiterhin an Clean Meat arbeiten, eine neue Firma bedeutet hingegen einen neuen Ansatz und damit eine weitere Chance für das neue Fleisch.

Er ging nicht alleine, sondern mit seinem Kollegen David Bowman, der erneut die wissenschaftliche Leitung übernahm. Wieder stellten sie ein Team zusammen. Bei Mission Barns arbeiten heute über zehn Angestellte aus verschiedenen wissenschaftlichen Disziplinen. Manche kommen aus der Pharmabranche, andere haben zuvor bei Start-ups gearbeitet. Bei der Frage nach der Höhe des Investments in seine Firma bleibt er vage. »Wir haben mehrere Millionen Dollar von verschiedenen Investoren gesammelt.« Eine unbestimmte Summe in Millionenhöhe. Das hört sich gut an, verrät aber nicht viel. Zehn Millionen wäre ein sehr gutes Startkapital, aber alles unter einer Million bringt einem Start-up, das an Clean Meat arbeitet, nicht viel. Die Forschung und Entwicklung sind sehr teuer. Wenn das Investment unter einer Million liegt, kann ein Start-up nicht mehr machen als an ein paar Power-Point-Präsentationen arbeiten und ihre Idee auf Papier entwerfen.

Das Wissen, das er bei Just erarbeitet hat, kommt in seiner Firma nicht zum Einsatz. »Ich habe bei Just gelernt, wie man eine Firma und ein Team aufbaut«, sagt Fischer. »Als wir Mission Barns aufgebaut haben, konnten wir auf unsere Erfahrung zurückgreifen, um einen neuen Bereich anzugehen, um den sich zu der Zeit noch niemand gekümmert hat.«

Die Produkte von Mission Barns konzentrieren sich auf Fettgewebe von Schweinen und Geflügel. Damit zielen sie in eine ähnliche Richtung wie Future Meat Technologies aus Israel. Fett ist ein entscheidender Geschmacksträger im Fleisch und könnte so in Hybridprodukten zum Einsatz kommen. Aber es gibt auch direkte Vermarktungsmöglichkeiten wie Grieben- oder Gänseschmalz. »Wir haben verschiedene Prototypen hergestellt«, sagt Eitan Fischer. »Wir wissen noch nicht genau, was unser erstes Produkt sein wird. Alle sind sehr gut, wir müssen nur überlegen, welches am meisten Sinn ergibt. Aber wir haben schon eine Ahnung.« Auch Eitan Fischer schließt eine Verwendung in anderen Bereichen, beispielsweise der Kosmetik, nicht aus.

Der Einstieg von Just in die Forschung an dem neuen Fleisch war ein wichtiger Schritt. Damit sind sie bis heute die erste Firma, die an Clean Meat arbeitet und bereits Lebensmittel herstellt und an Supermärkte verkauft. Sie haben bewiesen, dass sie wissen, wie man Produkte entwickelt, vermarktet und in die Läden bringt. Das ist nicht zu unterschätzen, denn alle anderen Start-ups haben noch keine Erfahrung damit, was es bedeutet, Lebensmittelproduzent zu sein. Sie sind momentan mit der Forschung und Entwicklung ihrer Fleischprodukte beschäftigt.

Doch der Ruf von Just hat seit Firmengründung gelitten. Verschiedene Gerüchte machen die Runde. Was davon stimmt, lässt sich nicht seriös beantworten. Bekannt hingegen ist, dass der komplette Aufsichtsrat das Unternehmen verlassen hat – mit Ausnahme des Firmenchefs. Laut Berichten soll es zu einem Streit zwischen ihm und dem Aufsichtsrat gekommen sein. Das berichteten verschiedene Medien am 17. Juni 2017.[9] Die Glaubwürdigkeit der Firma litt zudem unter der Ankündigung, Kulturfleisch Ende 2018 auf den Markt zu bringen – was nicht geschah. Bis heute nicht. Gebrochene Versprechen sind niemals gut für Firmen, die von externen Geldgebern abhängig sind.

Auch sagt Mark Post, dass es einen Versuch von Just gab, die Produkte in den Niederlanden zu verkaufen. Das Vorhaben scheiterte wohl daran, dass die Firma nicht wusste, wie sie sich bei der Zulassung auf dem europäischen Markt anzustellen hat. Was auch immer von ihrem Vorgehen zu halten ist, es zeigt den

Willen, dass sie sehr bald ihr Produkt auf den Markt bringen wollen. Sie scheinen schon jetzt Fleisch zu haben, das sie verkaufen wollen. Oder sie möchten zumindest diesen Eindruck erwecken.

Heute wirbt Just mit einem neuen Video für ihr Fleisch – ohne Huhn Ian. Der Film trägt den Titel »Eine neue Tradition«. Es wird der Hof der Familie Toriyama in Japan vorgestellt, aber eigentlich geht es um deren dunkelbraune Tiere, die Wagyū-Rinder. Geschlachtet werden diese als das teuerste Fleisch verkauft – zumindest dann, wenn sie aus der japanischen Gegend Kobe kommen[10]. Das Fleisch zeigt die beliebte Marmorierung: feine weiße Fettlinien vor dunkelrotem Muskel. Ursprünglich waren sie Arbeitstiere auf den Reisfeldern und Rindfleisch laut buddhistischen Gesetzen verboten. Sie galten als besonders, da sie kaum mit anderen Rinderrassen gekreuzt wurden[11].

Die Exklusivität des Fleisches wird auf der Webseite von Just gelobt. Es gibt nur einen Haken: »Nur sehr wenige haben die Möglichkeit, es zu probieren«, steht dort. Just will das ändern. Ausgestattet mit den Zellen der Tiere, wollen sie mit dem Traditionsfleisch einen Millionenmarkt erschließen. Am Ende des Werbetextes der Firma wird Wataru Toriyama zitiert. Dem Namen nach ein Familienmitglied der Rinderzüchter. Ein Journalist soll ihn gefragt haben, warum er diesen neuen Weg geht. Seine Antwort steht auf der Firmenwebseite in japanischen Schriftzeichen, danach folgt die Übersetzung: »Es geht darum, die Schmackhaftigkeit allen anzubieten.« Luxus für alle.

Ähnlich wie bei Foie Gras geht es hier um ein teures High-End-Produkt. Der Preisdruck für die Alternative aus der Fleischbrauerei ist geringer, und ein Massenmarkt ist auch nicht das Ziel – auch wenn der Werbetext auf der Webseite die Erschließung eines großen Marktes suggeriert, wird auch die Kulturfleischvariante ein exklusives Produkt werden.

Partner für das Ziel, Wagyūfleisch ohne Tiere herzustellen, ist die Awano Food Group, ein ursprünglich japanisches Unternehmen. Auf der Webseite zeigt eine Karte die verschiedenen Standorte der Firma. Die Toriyama Farm aus dem Video in Japan ist eingezeichnet, genauso wie eine Black-Angus-Farm in Kalifornien. In sechs Ländern ist die Firma aktiv. Ein roter Punkt zeigt den Hauptsitz in Singapur[12]. Das ist interessant, weil Singapur als einer der besten Märkte für Kulturfleisch gilt.

Das hat verschiedene Gründe. Die Fläche des Inselstaates entspricht ungefähr der Größe von Hamburg, ist allerdings einer der am dichtesten besiedelten Orte der Welt – noch vor Hong Kong. Gerade mal 1 % der Landesfläche wird für Lebensmittelproduktion verwendet[13]. Das hat zur Folge, dass das Land 90 % der Lebensmittel aus dem Ausland importiert. Das ist so viel wie kaum ein anderes Land[14]. Ein Mitarbeiter einer Firma für Rooftop Farming sagt: »Im Grunde sind alle landwirtschaftlichen Betriebe in Singapur Urban Farms, weil das Land fast ausschließlich aus einer Stadt besteht.«[15] Die Regierung hat es sich zum Ziel gemacht, bis 2030 die eigene Lebensmittelversorgung von 10 %

auf 30 % zu steigern. Zudem hat das Finanzministerium Gelder für die Entwicklung von Clean Meat zur Verfügung gestellt. Ein erstes Clean-Meat-Start-up ist auch schon in Singapur aktiv: Shiok Meats arbeitet an zellbasierter Herstellung von Shrimps. Das Land gilt als offen für neue Technologien und könnte so das ideale Testland für das neue Fleisch werden. Eine breite Versorgung der Bevölkerung mit Clean Meat könnte vergleichsweise zügig umgesetzt werden. Vielleicht ist das auch einer der Gründe für Just, sich eine Partnerfirma mit Sitz in Singapur zu suchen.

Mit Gründung in 2015 ist Memphis Meats die älteste Kulturfleischfirma. Der wissenschaftliche Leiter der Firma Nicholas Genovese züchtete früher selber Hühner. Er erzählt:»Die Tiere sahen mich als ihren Beschützer. Und ich war es, der die Entscheidung traf, genau diese Tiere zu töten, dass ihre Körper zu Fleisch verarbeitet werden.« Irgendwann konnte er das nicht mehr ertragen, und er hörte auf, Fleisch zu essen.

Später, als er als Techniker in einem Labor für Impfstoffe arbeitete, hatte er die Eingebung:»Wenn Fleisch aus Zellen besteht und es möglich ist, Zellen ohne den Organismus wachsen zu lassen, dann muss es möglich sein, Fleisch ohne Tiere zu erzeugen.« Er arbeitete an verschiedenen Forschungsprojekten zu Clean Meat. Eines davon war durch finanzielle Unterstützung einer Tierschutzorganisation zustande gekommen. Über Isha Datar von New Harvest lernte er den Herzchirurgen Uma Valeti kennen, um dann zusammen mit ihm an der University of Minnesota an dem neuen

Fleisch zu forschen. Lange Zeit war Valeti damit beschäftigt, durch Herzoperationen Menschenleben zu retten, doch auch er stellte sich die Frage: Warum nicht Tiere retten mit einer neuen Methode der Fleischherstellung? Genovese sagt:»Bald wurde uns klar, dass es mehr Unterstützung für ein kommerzielles Start-up gibt als für akademische Arbeit.« Zusammen entschieden die beiden, die erste Firma für zellbasiertes Fleisch zu gründen.

Nach gerade mal sechs Monaten präsentierten sie ihr erstes Zwischenergebnis: einen Fleischkloß aus Rindfleisch. Damals waren nur vier Personen an der Herstellung beteiligt. Das Pfund kostete 16.000 Euro[16], was wesentlich günstiger als Mark Posts Burger aus 2013 war. Anfang 2018 investierte Amerikas größter Fleischhersteller in die Firma[17]. Kann es ein größeres Zeichen der Ernsthaftigkeit für ein Start-up geben, als wenn die Gegenseite Gelder bereitstellt?

David Kay, Sprecher von Memphis Meats erklärt: »Wir rechnen nicht damit, dass Tierhaltung in absehbarer Zeit verschwinden wird. Wir sehen zellbasiertes Fleisch nicht als eine Entweder-oder-Frage, sondern als eine Sowohl-als-auch-Lösung.« Für ihn wird es in Zukunft neben dem neuen Fleisch weiterhin Fleisch aus konventioneller Herstellung (Schlachten von Tieren) und pflanzliches Fleisch geben – in friedlicher Koexistenz.

Die Konkurrenz in den USA ist groß. Just hat ein Gesamtinvestment von fast 200 Millionen Euro[18]. Wie viel dafür der Clean-Meat-Sparte der Firma zugute kommt, ist unbekannt. Memphis Meats hat in zwei Investitionsrunden knapp 20 Millionen Euro gesammelt. Hinzu kommt die nicht bezifferte Summe der Fleischfirma Tyson Food.

Was macht Eitan Fischer anders als die anderen und älteren Unternehmen? »Unsere Herangehensweise ist sehr simpel und fokussiert und dafür schneller«, sagt Fischer. Er will sein Produkt in sehr großen Mengen herstellen und dabei keine Zeit verlieren. Seine nächsten Schritte: »Wie können wir die Produktion vergrößern? Wie bekommen wir den Preis nach unten? Das müssen wir so schnell wie möglich machen.«

Das erinnert an das Motto von Mark Zuckerberg: »Move fast and break things.« Die Idee ist, Innovationen schnell auf den Markt zu werfen, auch wenn sie noch nicht fertig sind. Verbessert werden können sie später. Reid Hoffman, Ko-Gründer von LinkedIn, einer Social-Media-Plattform für Geschäftskontakte, brachte den Ansatz auf den Punkt, als er sagte: »Wenn dir die erste Version deines Produktes nicht peinlich ist, hast du es zu spät auf den Markt gebracht.« Für alle, die nicht in Start-ups arbeiten, klingt das alles ein bisschen verrückt. Noch unvernünftiger klingt es, wenn dieser Reid Hoffman sagt: »Ein Gründer springt von der Klippe und baut das Flugzeug auf dem Weg nach unten zusammen.«

Eitan Fischer fragt mich: »Denkst du nicht, dass das erste Auto ein schreckliches Auto war? Es war wahrscheinlich laut, unbequem und fuhr noch nicht mal sehr weit. Aber es hat sich durchgesetzt.« Doch so verrückt ist die Herangehensweise vielleicht gar nicht. Womöglich ist es Fischers pragmatischer Blick. Denn Start-ups werden nicht ewig von fremdem Investment leben können, sagt mir ein Kenner der Kulturfleischszene in Berkeley. Auf Pump leben, das geht eine gewisse Zeit, aber für eine Firma ist das keine Dauerlösung. Es kann riskant sein. Es gibt Bedenken, dass das Investment irgendwann nicht mehr reichen wird. Die Alternative wäre: ihre Arbeit selber in Geld umzuwandeln, indem sie ihre Produkte verkaufen und ein eigenes Einkommen generieren. Kein unvernünftiger Gedanke. Nicht nur schnell sein kann gefährlich werden, auch wer zu langsam ist, dem kann das Genick der Firma brechen.

Die größte Sorge von Eitan Fischer ist es, dass Kulturfleisch nicht rechtzeitig den Sprung auf den Markt schafft. »Ohne den notwendigen Fortschritt wird uns das nicht gelingen.« Anders als beim ersten Auto ist Fischer schon jetzt von der Qualität seiner Produkte überzeugt. »Wir haben bereits tolle Produkte hergestellt. Es wird ein großer Erfolg«, sagt er. Für ihn ist die Zeit reif. »Je mehr Menschen sehen, dass es ein realistisches Produkt ist, desto mehr wollen Teil davon werden. Als Partner, Investoren oder Kunden.«

Ob die Firma nach seinem Philosophiestudium die angewandte praktische Ethik war? »Ja, wir wollen maßgeblich eine positive Wirkung auf die Welt haben«, sagt Eitan Fischer. »Es ist eines der größten Probleme unserer Zeit, und ich denke, es ist eine der besten Gegenstrategien.«

Eitan Fischer steht mit den Füßen auf dem Boden, aber sein Ziel ist kein einfaches. Er erinnert sich an seine Kindheit in Israel und wie er gesehen hat, wie Tiere von Bauernhöfen in Massentierhaltungsanlagen umziehen mussten. Er sagt: »Ich hoffe, dass ich jetzt den nächsten Übergang miterleben werde. Wir stehen vor dem nächsten Schritt: Von der Intensivtierhaltung zur Herstellung einzelner Teile vom Tier in einer Nährflüssigkeit.« Für ihn eine machbare Herausforderung. Er ist überzeugt von seinem weniger komplexen Ansatz. Aber *einfacher* ist immer noch nicht *einfach*. Eitan Fischer gesteht: »Wenn es einfach wäre, hätten wir Clean Meat schon überall.«

KAPITEL 4
So wie damals der Käse

Die erste Organisation, die sich für die
Förderung von Kulturfleisch einsetzte, wird
von Isha Datar geleitet. Mit der Organisation
tut sie das, was Regierungen tun sollten,
aber nicht machen: öffentliche Forschung
für das neue Fleisch ermöglichen.

Wir treffen uns im »Schwarzwald«, um über die Zukunft der Fleischproduktion zu sprechen. Hier gibt es Bier und deftige Fleischgerichte. An der Wand hängt ein ausgestopfter Hirschkopf. Er schaut auf uns herab. Isha Datar ist Geschäftsführerin der Organisation New Harvest, die wissenschaftliche Forschung an Kulturfleisch fördert. Sie legt ihre Hand behutsam auf den Bauch. Sie ist schwanger, es sind ihre letzten Tage vor ihrer Elternzeit.

Isha Datar bestellt sich eine Apfelsaftschorle, die genauso mit deutscher Bezeichnung auf der Karte steht. Vielleicht weil es schick ist oder weil es einfach keine englische Übersetzung gibt. Dazu gibt es eine Brezel mit Senf. Sie sagt, dass sie oft in Deutschland ist, das Land sehr mag. Sie hat Familie in Hamburg und Oldenburg. Dieser Schwarzwald ist eigentlich nur eine Bar mit dem Namen Black Forest. Hier wird ausschließlich Englisch gesprochen. Wir sind in Brooklyn, New York.

»Ich bin die Fleischesserin, die sich schuldig fühlt«, sagt Isha Datar. »Ich denke, Fleisch ist gut und Tierprodukte wunderbar, aber ich wünschte, sie würden nicht so produziert werden.« Ihr Vater kommt aus Indien. Er lebte vegetarisch – bis er nach Kanada kam. Auch wenn er heute wenig Fleisch isst, gibt es für ihn kein Zurück zum kompletten Fleischverzicht. Für Isha war das nie eine echte Option. »Früher dachte ich, dass wir alle vegan leben sollten und damit alle Probleme gelöst wären. Aber bald verstand ich, dass das nicht passieren wird.« Stattdessen fragte sie sich, was sie dazu beitragen kann, das Problem zu lösen.

Sie wuchs an einem Ort auf, in dem sich alles um LKW und Rindfleisch dreht, sagt sie. Isha Datar wurde in der kanadischen Stadt Edmonton groß, der Hauptstadt der Provinz Alberta im Westen des Landes, in einer der Prärieprovinzen. Dank des hohen Ölvorkommens ist die Gegend einer der reichsten Landesteile Kanadas[19]. Doch sie war genervt von der Auto-Abhängigkeit: »Ich hasste die Autokultur. Aber ich liebte Fleisch.« So sehr, dass sie jeden Dienstag – das war ihr Ritual – zum halben Preis Tartar essen ging, ein Gericht aus rohem Rinderhackfleisch. Die andere wichtige Wirtschaftskraft in der Provinz ist die Rinderhaltung. Fast die Hälfte des kanadischen Rindfleisches kommt aus Alberta[20]. In einem Vortrag fasst sie das Leben dort mit einem in der Gegend populären Autoaufkleber mit dem Schriftzug zusammen: »Iss Kühe, bohr Öl, fang Kälber.«

Sie studierte Zellbiologie, und weil sie Fleisch so sehr liebte, belegte sie im vierten Jahr einen Kurs zu Fleischwissenschaft. In einer der ersten Vorlesungen erzählte ihr Professor von den Treibhausgasemissionen, die auf die Tierhaltung zurückgehen. »Ich dachte, Tierhaltung sei eine gute Sache für die Umwelt, eine Kreislaufwirtschaft.« Sie war schockiert. Nicht nur darüber, dass, wie ihr Professor erzählte, 18 % der Treibhausgase aus der Tierhaltung kommen, sondern auch darüber, dass nur 14 % auf den weltweiten Transport wie dem Autoverkehr zurückzuführen sind. Sie stellte fest: »Ich habe die ganze Zeit die falsche Industrie verabscheut.«

Sie erinnert sich, wie ihr Professor sagte, dass wir vielleicht eines Tages Fleisch aus Zellkulturen herstellen können. Die anderen in der Vorlesung studierten Agrarwissenschaften, Tiermedizin, Ernährungswissenschaften und Lebensmittelwirtschaft, sie aber war die Einzige, deren Thema Zellbiologie war und die wissenschaftliche Aufsätze darüber gelesen hatte, wie menschliche Organe gezüchtet werden. Sie dachte: »Wir müssen nicht warten, wir können das jetzt tun.« Für das Fach schrieb sie einen Text über die Zukunft der Fleischproduktion. Dafür recherchierte sie die wissenschaftlichen Veröffentlichungen aus dem medizinischen Bereich und wendete die Ergebnisse auf die Fleischproduktion an.

In einem berühmten Comic des New Yorkers sitzt ein Hund vor dem Computer und sagt: »Im Internet weiß keiner, dass du ein Hund bist.« Im Internet weiß auch niemand, wie alt du bist. Und das wusste Isha Datar, als sie das erste Mal an die Organisation New Harvest eine E-Mail schrieb. Das war im Jahr 2008, die Organisation bestand damals aus nicht mehr als dem Gründer Jason Matheny und einer Webseite.

Sie schickte Jason Matheny den Aufsatz, den sie geschrieben hatte. Er antwortete ihr und brachte sie mit diversen Wissenschaftlerinnen und Wissenschaftlern in Kontakt. »Auf einmal überprüften sie meinen Text und stellten mir Fragen, ob ich dieses und jenes bedacht hatte. Das war ziemlich cool, niemand stellte überhaupt die Frage, wer ich bin oder warum man das lesen sollte. Ich war damals vielleicht 20 oder 21. Aber das habe ich niemandem erzählt.« Sie ermutigten Isha Datar, ihren Text zu veröffentlichen. Einhellige Meinung war: »Es gibt nichts Vergleichbares, was bisher veröffentlicht wurde. Im Januar 2010 erschien dann Datars Text mit dem Titel »Möglichkeiten für ein Produktionssystem für In-vitro-Fleisch« in einer Fachzeitschrift für Lebensmittelwissenschaft.

Jason Matheny hatte nur am Wochenende Zeit für die Arbeit von New Harvest. Er war aber der Meinung, es braucht eine Vollzeit-Geschäftsführung, die dem Thema die Aufmerksamkeit geben kann, die es benötigt. Er stellte eine Stellenausschreibung online. Und Isha Datar tat etwas, was sie heute nicht mehr tun würde – wie sie rückblickend sagt: Sie pokerte. Sie bewarb sich auf die Stelle der Geschäftsführung von New Harvest. Gleichzeitig war sie in Verhandlungen, einen TEDx-Vortrag zu halten, bei einer einflussreichen Innovationskonferenz. Sie behauptete, sie würde die Geschäftsführerin von New Harvest werden. Und New Harvest sagt sie, dass sie einen TEDx-Vortrag halten würde. Beides war gelogen, eine Zusage hatte sie weder von TEDx noch von New Harvest. Sie ließ es darauf ankommen, und ihr Spiel ging auf: Im Januar 2013 bekam sie die Zusage für den Vortrag und wurde gleichzeitig Geschäftsführerin von New Harvest.

Viele Frauen arbeiten als Wissenschaftlerinnen an dem neuen Fleisch. Aber die Branche wird in den Chefetagen von Männern dominiert. New Harvest mit Isha Datar als Chefin ist eine der wenigen Ausnahmen.

Der Gründer Jason Matheny zog sich zurück und beschäftigt sich heute weniger mit dem Thema, lässt mich aber per E-Mail wissen, dass er sich bereits darauf freut, als Kunde das neue Fleisch zu kaufen. New Harvest möchte eine Umgebung schaffen, in der Kulturfleisch entstehen kann. Fokus der Firma liegt dabei auf dem Ausbau der akademischen Forschung. Isha Datar vergleicht die Arbeit mit einer gemeinnützigen Krebshilfe, die die Erforschung der Krankheit fördert. Sie hoffen, durch den Non-Profit-Status dem Thema eine Langlebigkeit zu geben. Zwar war die Organisation an der Entstehung zweier Start-ups direkt beteiligt, steht jedoch im Kontrast zu den vielen Start-ups, die schnelle Ergebnisse wollen und deren Forschung in privater Hand liegt.

Die Hauptarbeit der Organisation besteht darin, Gelder für öffentliche Forschung bereitzustellen und die Wissenschaftlerinnen und Wissenschaftler in ihrer Arbeit zu unterstützen. Viele der relevanten Fragestellungen für das neue Fleisch werden in der medizinischen Forschung diskutiert. New Harvest versucht, dieses Wissen auf die neue Fleischherstellung zu übertragen. Wie verhalten sich Zellen? Was ist ein gutes Zellgerüst? Was braucht eine gute Nährflüssigkeit? Welche Bioreaktoren kommen in Frage? Isha Datar fasst ihre Aufgabe wie folgt zusammen:»Wir machen, was Regierungen tun sollten, bis sie es selber tun.«

Sie findet auch, dass es einer Standardisierung bedarf, um zu klären, was genau Kulturfleisch ist. »Wir sprechen nicht die gleiche Sprache.« Es heißt, die ersten Produkte, die es auf dem Markt geben wird, werden Hybridprodukte sein, eine Mischung aus pflanzlichem Fleisch und Clean Meat. Ist das dann schon Kulturfleisch? Datar fragt: »Was ist mit pflanzlichem Fleisch, das mit ein paar Zellen vom Tier bestreut wurde? Alle können sagen: Das ist Kulturfleisch. Aber was genau heißt das?«

Das israelische Start-up plant solche Hybridprodukte. In ihrem Patent beschreiben sie eine kleine Studie mit 25 Teilnehmerinnnen und Teilnehmern. Untersucht wurde, wie gut verschiedene Mischverhältnisse von Soja und Clean Meat ankommen. Von 0 % Kulturfleisch ging es in vier Schritten auf maximal 27 %. Es ist also möglich, dass die ersten Mischprodukte aus weniger als einem Viertel des neuen Fleisches bestehen werden.

Als Geschäftsführerin legt Datar in der Organisation großen Wert auf offene Forschung. Sie möchte den Menschen die Chance geben, die Forschung zu verstehen und darüber zu sprechen, während daran gearbeitet wird. Ähnlich wie mit einem offenen Quellcode bei einer Software soll transparent sein, wie das neue Fleisch gemacht wird. Die bisherigen Wege der Lebensmittelfirmen sieht sie kritisch. Sie sagt: »Warum sollten wir all den Ballast des bestehenden Systems mitnehmen? Warum sollten wir die Fleischindustrie nachahmen?« Sie möchte lieber ein neues Lebensmittelsystem aufbauen, ermöglicht durch die neuen Technologien. Offenheit ist ein wichtiger Baustein dafür. Für Isha Datar ist das auch eine Frage der

Zeit. »Aus den Start-ups werden Lebensmittelfirmen, die verstehen werden, dass Transparenz und Offenheit hilfreich sind, mehr Menschen zu erreichen.«

Die Geschichte der Biotechnologie beginnt für Isha Datar in der Jungsteinzeit. Durch Fermentation und den Einsatz von Milchsäurebakterien wurden aus Kuhmilch Joghurt, Kefir und schätzungsweise 5.000 verschiedene Käsesorten. Chemische Prozesse machten das möglich: Aus Milch machte der Mensch Käse.

Für Isha Datar geht es nicht nur darum, die Welt vor den Problemen der aktuellen Fleischproduktion zu bewahren. Es geht ihr darum, neue Wege zu gehen. »Gerade arbeiten wir daran, Fleisch zu ersetzen, aber wir können auch ganz neue Lebensmittel schaffen.« So wie der Mensch damals vor der Milch stand, stehen wir heute vor den Zellkulturen. Weder damals wussten wir

noch heute wissen wir, welche Lebensmittel am Ende dabei rauskommen werden. Hätten wir damals wissen können, dass so Joghurt entstehen würde?

»Ich finde es spannender, neue Lebensmittel zu erfinden, als nur Produkte zu ersetzen, für die wir uns schuldig fühlen. Das ist viel zu eng gedacht«, sagt Datar. »Unsere Vision ist viel größer als die Herstellung von Hamburgern.« Burger und Chicken Nuggets sind für sie nur der erste Schritt. Wenn es nach ihr ginge, würde die Fleischproduktion im Jahr 2050 sehr divers aussehen. »Ich mag die Vorstellung, dass die Definition von Fleisch sich öffnen wird und pflanzliche Produkte einschließt. Warum nicht Protein anstelle von Fleisch als Kategorie?«

Als Leiterin einer Organisation hat Isha Datar ihre Identität als Wissenschaftlerin hinter sich gelassen. Sie sagt: »In meinem Studium habe ich im Labor total versagt. Wenn Leute mich heute als Wissenschaftlerin bezeichnen, widerspreche ich ihnen. Ich arbeite heute mit richtigen Wissenschaftlerinnen und Wissenschaftlern und sehe den Unterschied.«

Auch in ihrer Elternzeit wird sie Geschäftsführerin von New Harvest bleiben. Niemand wird sie in ihrer Position ersetzen. »Das ist Teil des Risikos«, sagt sie. »Aber ich denke, es wird für alle gut sein. Das gibt uns Raum zu wachsen.« In den ersten Jahren war sie alleine in der Organisation, musste alles selber bewältigen. Das war ein Lernprozess für sie. »Ich musste lernen, größer zu denken. Jetzt kann ich zuschauen, wie das Team arbeitet, ohne mich einzumischen.«

Manchmal, sagt sie, ist sie selbst überrascht, dass alles aufging und die Organisation heute Gehälter zahlen kann. Es sei nicht einfach für eine gemeinnützige Organisation zu wachsen. Heute besteht das Team aus vier Leuten und verfügt über ein Jahresbudget von etwas mehr als einer Million Euro. Sie arbeiten daran, dass es vier Millionen werden. »Ich dachte, das sei ein Ziel für die nächsten fünf Jahre«, sagt Isha Datar, »aber ich glaube, wir können es auch in zwei oder drei Jahren schaffen.«

Perfect Day, ein Start-up für kultivierte Kuhmilch, das aus dem Schoß von New Harvest geboren wurde, sammelte seit Bestehen der Firma Gelder in Höhe von über 50 Millionen Euro ein[21]. Auch wenn New Harvest schon seit 15 Jahren besteht, viele junge Start-ups haben wesentlich mehr Geld. Wenn es um Kulturfleisch geht, wird Geld lieber investiert als gespendet. Für Isha Datar macht es nicht wirklich Sinn, wie Geld in dieser Welt funktioniert. »Das hat nichts mit der Branche zu tun – es ist das wirtschaftliche System, in dem wir leben.« Sie fragt: »Warum ist die Forschung an Lebensmitteltechnologie komplett privat?« Ob sie das frustriert? »Ja, ich finde das ziemlich frustrierend, aber es motiviert auch.«

KAPITEL 5

Patente – zwischen Weltrettung und Privatbesitz

Das erste Forschungsprojekt für Kulturfleisch ist an der Finanzierung mit öffentlichen Geldern gescheitert. Heute findet die Forschung und Entwicklung fast ausschließlich in privater Hand statt. Mit welchen Konsequenzen?

Ein warmer Abend in der israelischen Metropole Tel Aviv. So warm wie ein Sommerabend in Deutschland. Doch es ist Januar. Ronen Bar sitzt in einem Café in der Innenstadt bei seinem Abendessen und erzählt, wie die Forschung an dem neuen Fleisch in Israel so groß wurde.

Das Gespräch war eigentlich schon beendet und mein Aufnahmegerät bereits aus, als Ronen Bar eher zufällig auf die private Forschung von Clean Meat zu sprechen kommt und er noch mal richtig Fahrt aufnimmt. Er sagt: »Geistiges Eigentum und profitable Firmen sind wichtig, aber hier geht es um etwas Größeres: Tierhaltung ist ein Desaster. Wir müssen so schnell wie möglich eine Lösung finden.«

Mit der Lösung meint er Clean Meat. Und was er sagen will: Forschung in privater Hand braucht für ihn zu viel Zeit. Er ist der Vorsitzende der Modern Agriculture Foundation, einer israelischen Organisation, die die Entwicklung von Clean Meat fördert. Aus ihr ist damals das Start-up SuperMeat entstanden, eine der Firmen, die wenig über ihre Forschung verrät. Er arbeitet auch für die israelische Tierrechtsorganisation Sentient, die Undercover-Aufnahmen aus der Massentierhaltung veröffentlicht. Clean Meat ist für ihn ein Werkzeug, Schlachthäuser überflüssig zu machen.

Er beschreibt folgendes Gedankenexperiment: »Stellen Sie sich vor, alle 200 Menschen, die gerade an Clean Meat forschen, setzen sich zusammen an einen Tisch. Keine Geheimnisse, alle teilen ihr Wissen. Was würde passieren?« Seine Antwort: »Wir wären fünf oder zehn Jahre weiter in der Forschung.«

Ronen Bar fordert mehr öffentliche Forschung anstelle von privaten Firmen, die ihre Forschungsergebnisse zunächst einmal für sich behalten wollen. Er möchte freien Zugang zu der Wissenschaft. Ein Open Code, wie bei einer Software, wo sich alle den Programmierungscode anschauen und nachvollziehen können, wie das Programm funktioniert. Die wissenschaftliche Forschung findet dann nicht mehr hinter verschlossenen Türen statt, sondern die Ergebnisse wären so für alle einseh- und nutzbar. Alle würden von dem Wissensgewinn profitieren.

Er vergleicht die heutige Forschung an dem neuen Fleisch mit der Entschlüsselung des menschlichen Genoms in den 90er-Jahren. Damals gründete sich das Human-Genome-Projekt. In 20 Universitäten arbeiteten Wissenschaftlerinnen und Forscher gemeinsam an dem Ziel[22]. Es gilt als das größte gemeinsame Forschungsprojekt der Biologie. Das Gleiche solle jetzt mit Clean Meat passieren, so Ronen Bar. Es solle zusammen an der Realisierung des neuen Fleisches gearbeitet werden.

Mit der Meinung, die Forschung müsse in öffentliche Hand, ist Ronen Bar nicht alleine. Doch gerade die, die an Clean Meat arbeiten, sind dagegen: die Firmen. Sie wollen ihre Erkenntnisse wahren. Die Forschung findet heute – von ein paar Ausnahmen abgesehen – in privater Hand statt. Was die Firmen über den Stand ihrer Entwicklung verraten, ist demnach ihre Entscheidung. Oft verraten sie so gut wie nichts.

Mit Patenten sichern sich die Firmen ihr Wissen. Ein Patentverfahren – mit offenem Ausgang, ob das Patent gewährt wird – kostet schnell 25.000 Euro. Doch die Kosten sollten für Start-ups nicht das Problem sein. Denn gerade deren Investoren legen großen Wert auf geistiges Eigentum. Das Geld für das Patentverfahren wird dann gerne ausgegeben, wenn dem Start-up so mehrere Millionen Euro als Investment winken.

Aus Sicht der Investoren sind Patente auch sinnvoll: Es ist ihre Sicherheit für ein Risikoinvestment in eine Branche, die noch beweisen muss, dass sie am Ende erfolgreich ein Produkt auf den Markt bringt. Wer würde schon einer Firma Geld geben, wenn alle Forschungsergebnisse, alle Erkenntnisse öffentlich werden? Es ist ja keine Spende, sondern eine Investition verbunden mit der Hoffnung, dass Renditen zurückkommen. Das Projekt soll sich schließlich auszahlen.

Die Kritik an Patenten kommt nicht nur von außen. Auch ein Forscher, der an kultiviertem Fleisch arbeitet, stört sich daran. Er möchte anonym bleiben, denn er hat Angst, Investoren würden sonst der Firma, für die er forscht, fernbleiben. Seine Befürchtung:»Die Macht eines Patents kann auch andere davon abhalten zu forschen.«

»Clean Meat ist eine sehr komplizierte Angelegenheit«, sagt er.»Du nimmst eine der kostspieligsten Technologien und wendest sie auf die Lebensmittelproduktion an. Das ist eine der Sparten mit den günstigsten Produkten und den geringsten Preisspannen.«

Viele Fragen sind in der Forschung noch offen. Allem

voran das Gerüst, an dem die Zellen wachsen sollen, das Nährmedium. Welche der verschiedenen Zelltypen sollen verwendet werden?

»Die Vorstellung, dass eine Firma alles alleine bewältigt, ist naiv«, sagt der Forscher. »Eine einzelne Firma wird das nicht alleine schaffen. Investoren müssen das verstehen. Wenn sie ihr investiertes Geld zurückwollen, müssen sie zusammenarbeiten.«

Doch gerade setzen die weltweit rund 30 Kulturfleischfirmen nicht auf Kooperation. Jede will auf eigene Faust das Fleisch neu erfinden. Die Hoffnung des Forschers ist, dass so wenig Patente wie möglich angemeldet werden.

Einer der Wissenschaftler, der am meisten auf Kooperation setzt, ist Mark Post. Nach Meinung des anonymen Forschers hatte Post es im Rennen um die Geldgeber gerade deswegen so schwer. »Seine Offenheit ist der Grund, warum das Geld in andere Firmen floss. Das ist traurig.«

Sasha Mandy ist Patentanwalt in Montreal, Kanada, und hält Vorträge auf Konferenzen zu der Anwendung von Patenten zu Clean Meat. In seiner Funktion als Anwalt für Patentrecht vertritt er Firmen, die ihre Innovationen mit Patenten sichern wollen. Er sagt: »Patente sind wie ein Zaun, der um deine Technologie gebaut wird. Niemand kann darauf zugreifen, ohne eine Genehmigung zu haben.«

Auch er versteht das Interesse der Geldgeber an Patenten. »Ein Investor würde fragen, wie kann ich mir sicher sein, dass eine andere Firma nicht einfach eure

Technologie kopiert?« Er gibt sich diplomatisch. »Ich bin weder für noch gegen Patente«, sagt Sasha Mandy. »Aber ich spreche mich für Zusammenarbeit aus.« Er sieht auch die Gefahr, dass Patente Innovation ersticken können. »Diejenigen mit dem ersten Patent in einem Bereich können andere davon abhalten, darauf zuzugreifen.« Als historisches Beispiel dafür nennt er die Wright Brüder, die Pioniere der Luftfahrt. Ihnen wird vorgeworfen, durch ihr aggressives Anwenden der Patente die Entwicklung der Luftfahrt in Europa verlangsamt zu haben.

Kann das auch mit dem neuen Fleisch passieren? Werden Patente irgendwann eingesetzt, um konkurrierende Firmen auszuschalten? Sasha Mandy kann sich das momentan nicht vorstellen. »Niemand in dem Bereich gibt Anzeichen, Patente einzusetzen, um andere zu verklagen.« Auch Mark Post sieht seine mitstreitenden Firmen von der Idee überzeugt und schließt aus, dass es zu Patentklagen kommen wird. Ihr Ruf als Kämpfer für die gute Sache steht für die Firmen auf dem Spiel, sollten sie Patente gegen andere einsetzen. Ganz trocken bemerkt Mark Post: »Ich bekomme so viele Interviewanfragen, dass so was schnell öffentlich werden kann.« Der Ruf der Firma, sich für eine bessere Welt einzusetzen, wäre dann dahin.

Entscheidend wird sein, wie die Patente eingesetzt werden. Sasha Mandy schlägt verschiedene Modelle vor, wie Firmen ihre eigenen Innovationen durch Patente schützen können, aber gleichzeitig niemandem den Weg versperren. Zum einen könnte das ein Patent-

Pool sein. Jede Firma, die ein Patent in den Pool gibt, darf alle anderen nutzen. Die Entwicklung von Bluetooth wurde so ermöglicht. Oder Patent Pledges: ein Versprechen, die Patente nicht gegen andere einzusetzen. Dies kann durch interne Absprachen passieren oder durch öffentliche Ankündigungen.

Solche Bestrebungen gab es. In einer Telefonkonferenz wurde versucht, sich mit verschiedenen Firmen darauf zu verständigen, dass Patente nicht gegeneinander eingesetzt werden. Doch zu einer Einigung kam es nie.

Absprachen sind nicht einfach zu treffen. Rom Kshuk von Future Meat Technologies erzählt, dass es Bestrebungen in Israel gab, die staatliche Innovationsbehörde zu überzeugen, Gelder für ein Forschungsprojekt zu bewilligen. Ein Projekt, von dem alle Firmen profitieren würden. Doch die Firmen in Israel konnten sich auf kein sinnvolles Projekt einigen. Und das, worauf sie sich einigen konnten, war zu klein, zu unbedeutend, als dass es sich als Forschungsprojekt gelohnt hätte.

Zwar gelten nach wie vor alle Firmen, die zu Clean Meat arbeiten, als von der Sache überzeugt und sind nicht nur finanziell motiviert, doch gleichzeitig will jedes Unternehmen alleine durch die Zielgerade laufen.

Im Juni 2014 veröffentlichte Elon Musk von Tesla einen Blogeintrag mit dem Titel »Alle unsere Patente gehören euch«[23]. In dem Text schreibt er: »Tesla Motors wurde gegründet, um das Aufkommen von nachhaltigen Transportmitteln zu beschleunigen.« Deswegen würden die angemeldeten Patente jetzt frei für alle zur Verfügung stehen. »Falls wir einerseits erfolgreiche Elektrofahrzeuge entwickeln, aber andererseits rechtliche Minen legen, um andere vom Markt abzuhalten, würden wir gegen dieses Ziel verstoßen.« Daher wird Tesla keine Patentklagen gegen andere anstrengen, die seine Technologien in gutem Glauben anwenden möchten.

Warum hat Tesla dann überhaupt Patente anmelden lassen? Die logischste Antwort wäre: damit es niemand anderes tut. Als präventiven Schutz. Denn hätte Tesla die Innovationen der Firma nicht gesichert, wäre es möglich gewesen, dass andere es tun und Tesla davon abhalten, die eigenen Erfindungen zu nutzen. Nur die Kontrolle über das eigene geistige Eigentum kann das ausschließen. Das vermutet zumindest Sasha Mandy.

Patente werden nicht nur eingesetzt, um andere daran zu hindern, Erfindungen zu nutzen. Es kann Firmen davor schützen, dass nicht jemand anderes ein Patent auf die Innovation anmeldet und die Firma so gezwungen ist, Lizenzgelder zu zahlen. Entscheidend ist, wie ein Patent eingesetzt wird. Schützend für die eigene Firma oder offensiv, um andere Forschung zu erschweren und damit Geld zu verdienen.

Noch teurer als Gebühren für die Nutzung von patentierten Technologien kann die Forschung selber sein. Wenn es eine Lösung für ein Problem gibt, kann es wesentlich günstiger für das Start-up sein, die Gebühr zu zahlen, als selber an einer Lösung zu forschen – mit ungewissem Ausgang. Neta Lavon von Aleph Farms, die für ihr Fleisch hauptsächlich an Stammzellen und Gewebezüchtung forschen, sagt: »Wenn es eine bestehende Technologie gibt, werden wir sie nutzen. Wir zahlen lieber dafür, als sie selber zu entwickeln. So kommen wir viel schneller ans Ziel.« Patente, die gegen eine bezahlbare Gebühr genutzt werden, können eine große Chance für die Forschung an dem neuen Fleisch sein. So müsste nicht jede Firma das Rad selber erfinden, sondern könnte auf Entwicklungen anderer zurückgreifen. Nichts ist teurer als eigene Forschung. Denn ein Patent schützt zwar die eigene Erfindung, legt sie aber auch offen, denn Patente sind für alle einsehbar. Das Gegenmodell ist die Idee von Coca-Cola: Die Rezeptur des Getränkes ist zwar nicht patentiert, aber wird geheim gehalten. Das macht das Kopieren noch komplizierter.

Momentan gibt es acht aktive Patente im Bereich Clean Meat und noch 14 offene Anträge, über die noch entschieden werden muss[24]. Das sind die Patente, die bekannt sind. Da immer mehr Start-ups an dem Thema arbeiten, ist davon auszugehen, dass es immer mehr Patente geben wird. Hinzu kommen viele weitere Patentanmeldungen für zellbasierte Herstellung von Milch, Eiern, Leder und Seide.

Die Frage der privaten Forschung (ergo Patente) könnte auch rein rechnerisch betrachtet werden: Wird dadurch mehr oder weniger an Clean Meat geforscht? Momentan sieht es recht klar danach aus, dass private Gelder mehr Forschung ermöglicht haben. Zurzeit findet kaum Forschung öffentlicher Institutionen in dem Bereich statt. Wie schon ausgeführt, bekam Willem van Eelen 2005 zwei Millionen Euro für seine Forschung von dem niederländischen Staat. Von den Firmen, die heute an Clean Meat arbeiten, gibt es keine Übersicht über die Gesamtinvestitionssumme. Doch von fünf namhaften Firmen ist bekannt, dass sie über 40 Millionen Dollar an Investment zusammenbekommen haben[25]. Eine Höhe, die wahrscheinlich nicht durch öffentliche Förderung an Universitäten hätte erreicht werden können. So sind es bisher private Gelder, die die Forschung an Clean Meat ermöglicht haben ...

KAPITEL 6
Großes Potenzial

___

Gary Lin ist mit seiner Onlinemarketing-
firma reich geworden. Heute ist er
Geldgeber einer Kulturfleischfirma.
Ein riskantes Investment, denn er weiß:
Generell scheitert ein Großteil aller
Start-ups nach ein paar Jahren.

___

Im früheren Niemandsland, im ehemaligen Todesstreifen zwischen den beiden deutschen Staaten, hat Gary Lin sein Büro in einem Neubau mit großen Fenstern. Die nächste Häuserreihe nach Süden sind die Berliner Altbauten auf DDR-Seite, deren Fenster zugemauert wurden. Zwei Straßenblocks weiter steht die Kapelle der Versöhnung, ebenfalls im früheren Todesstreifen, direkt an der Gedenkstätte der Berliner Mauer an der Bernauer Straße. Es ist ein historischer Ort, der wie kaum ein anderer in Berlin heute erfahrbar macht, wie die Mauer die Stadt teilte.

Schräg gegenüber des Büros von Gary Lin steht die Factory Berlin, ein Bürocampus, der Firmen wie Mozilla, Soundcloud oder Twitter beheimatete[26] und ein bekanntes Aushängeschild für die Berliner Start-up-Szene ist.

Gary Lin ist 43, Tierfreund und hat viel Geld verdient. Er und ein fast ponygroßer Hund begrüßen mich in dem modernen Büro. Wir sprechen Englisch (Lin ist in Minnesota geboren), gehen in den Besprechungsraum, der Hund zieht sich auf den Minibalkon zurück. Es ist ein heißer Tag, und die frische Luft sagt ihm eher zu als die Temperaturen im Büro.

Gary Lin wurde mit einem Start-up für Internetmarketing reich. Über 16 Jahre machte die Firma Gewinn, dann verkaufte er sie in zwei Schritten. Den letzten Teil in 2017. Heute ist er Investor – hauptsächlich für Firmen mit »meaningful impact«, wie er es nennt. Ziel der Firmen soll nicht nur der Gewinn, sondern auch die Verbesserung der Welt sein. Er sagt, nie habe er sich so tief mit dem verbunden gefühlt, was er tut. »Es war eine Reise, die 40 Jahre dauerte, bis ich hier angekommen bin.«

Er war beeindruckt von seinem Vater, der als Wissenschaftler zu Solartechnologie arbeitete. In der Schule war sein Lieblingsfach Biologie. Und zu Tieren hatte er schon immer eine enge Beziehung. »Ich hatte Haustiere, versorgte aber auch Eichhörnchen oder Vögel.« Doch als es um seine Karriere ging, suchte er sich das aus, was am meisten Geld versprach. »Ich hatte eine rein kapitalistische Herangehensweise an meinen Job.« Anscheinend ging das auch auf. Nachdem er seine Firma verkauft hatte, suchte er nach einem Weg, seine Fähigkeiten zum besten Nutzen einzusetzen. Ihn interessierten kommerziell erfolgreiche Unternehmen, die eine sinnvolle Wirkung auf die Welt haben. Er startete ein VC, ein Venture Capital, mit dem Namen »Purple Orange Ventures«. Ein Risikokapitalfond, mit dem er in Firmen, die an Blockchain oder dem Internethandel arbeiten, investierte. Nach einer Weile entschied er sich aber, sein Geld ausschließlich für Investitionen mit positiver Wirkung einzusetzen.

Risikokapital ist kein Kredit. Das Geld wird an Start-ups gegeben – mit dem Wissen, dass es scheitern kann und damit das Investment verloren ist. Als Daumenregel gilt, dass von zehn Investitionen drei sehr erfolgreich laufen müssen, damit das VC nicht pleitegeht[27]. Deswegen ist die Unterstützung nicht nur finanziell, sondern auch ideell und beratend, da so das Risiko des Scheiterns minimiert wird. Ein junges

Start-up mit einer guten Idee, aber nicht viel Erfahrung kann so an dem Projekt arbeiten. »Die meisten VCs suchen nach Start-ups mit großem Potenzial, weil die Erfolgsaussichten sehr gering sind. Wenn du in 20 Firmen investierst, aber keine davon die Chance hat, eine Milliarde-Euro-Firma zu werden, sehen die Chancen schlecht für dich aus. So läuft in der Regel das Spiel.«

Gary Lin erklärt: »Wenn du es schaffst, eine Firma aus deinem Portfolio zu verkaufen, bekommst du in der Regel 20 %.« Als Ziel werden sieben bis zehn Jahre angesetzt, bis das Geld wieder zurückkommen soll. Im besten Fall dann mit einer satten Gewinnbeteiligung. Entscheidend ist, zu welchem Zeitpunkt Geld in ein Start-up investiert wird. Je früher, desto riskanter. In der Pre-Seed-Stufe hat das Gründungsteam meist nicht mehr vorzuzeigen als eine Powerpoint-Präsentation. Danach kommt die eigentliche erste Stufe, die Seed-Finanzierung. Hier kommt es typischerweise zu mehreren Runden. Das hat verschiedene Gründe, sagt Gary Lin: »Manchmal, weil viele Investoren interessiert sind, oder – um ehrlich zu sein – weil das Start-up mehr Geld braucht und es nicht gut läuft.« Die nächste Stufe ist dann die Early-Stage-Finanzierung, beginnend mit der »A-round«. »Dafür braucht es mehr Absicherung, dass das Unternehmen funktioniert«, sagt Lin. Die Beträge sind höher, die Risiken geringer – aber noch deutlich vorhanden. Nach weiteren Runden kommt später der Exit: der Verkauf und die Auszahlung der Investoren.

Die meisten Start-ups, die an dem neuen Fleisch arbeiten, befinden sich noch in den ersten Stufen. Eine Handvoll Teams, die schon länger daran arbeiten, sind schon weiter, sagt Lin. Memphis Meats oder Aleph Farms haben es in die A-Round geschafft.

Gary Lin gibt Gelder unabhängig von dem Fortschritt einer Firma. »Wir haben keine Angst, sehr früh oder schon am ersten Tag zu investieren.« Vorausgesetzt sie finden das Team interessant und überzeugend. »Am Anfang hast du noch den meisten Einfluss«, sagt Lin, »und kannst der Firma helfen, die richtigen Weichen zu stellen.« Bei seinem Risikokapitalfond handelt es sich nicht um Gelder verschiedener Investoren. Es ist ausschließlich sein Geld. Das erlaubt ihm, geduldiger, mit weniger strengen Verträgen vorzugehen. In der Regel investiert er in der Höhe von 500.000 Euro in ein Start-up. Neben einem Start-up, das CO_2 in Fischfutter für Aquakulturen umwandeln will, und einem für ökologisches Bauen gab er auch Geld für das neue Fleisch. Er investierte in Mission Barns, die Firma, die Eitan Fischer gründete.

Gary Lin schaute sich die verschiedenen Herausforderungen an, die unserem Planeten bevorstehen. »Es war ziemlich entmutigend zu sehen, wie komplex die Probleme sind. Mir wurde klar, dass wir uns fokussieren müssen. Es gibt hier keine Wunderwaffe.« Als er sich vor zwei Jahren mit diesen Fragen auseinandersetzte, tauchten überall Clean-Meat-Start-ups auf. Für ihn, der vegan lebt, machte das Thema als Investitionsziel am meisten Sinn. »Wir brauchen mutige Projekte, die genau das angehen: Tiere aus der Nahrungsmittelherstellung zu entfernen.« Er verfolgt seitdem die Entwicklungen auf dem Markt, denn auch zukünftig will er in das neue Fleisch investieren.

»Viele der Firmen sind sehr neu«, sagt Gary Lin. »Und genau wie in einer Ehe trennen sich einige Teams wieder.« Es ist riskanter, in das neue Fleisch zu investieren als in andere Bereiche. Blockchain und Internetmarketing sind existierende, geldbringende Branchen. Das beste Beispiel ist Gary Lin mit seinem Start-up. Clean Meat hingegen ist immer noch eine Zukunftsvision, die sich noch beweisen muss. »Der Großteil aller Start-ups scheitert nach ein paar Jahren«, sagt Gary Lin. Niemand weiß, welches überleben wird und welches nicht. Wenn es einfach wäre, würden es alle machen. Auch wenn sich das gerade langsam ändert, investieren die großen Risikokapitalanlagen kaum in das neue Fleisch. Das könnte ein Grund zur Vorsicht sein. Und wenn größere CVs investieren, sagt Gary Lin, dann, weil da eine Person vegan lebt. Viele der Investitionen kommen von sogenannten »mission-driven investors«, also Geldgebern wie Lin, die von der Wichtigkeit des Themas überzeugt sind und wollen, dass das neue Fleisch Realität wird.

»Es ist schwierig, die Risiken einzuschätzen«, sagt Gary Lin. »Es wurde ja noch nie gemacht.« Es gibt keine Erfahrung mit dem Investment in das neue Fleisch. »Es ist schwer zu verstehen für Geldgeber, die keinen Technologie- oder Biologiehintergrund haben.« Die Frage, wie lange es dauern wird, bis es erste Produkte gibt, lässt auch nicht seriös beantworten. »Es kann in fünf Jahren sein oder in 20 Jahren.« Gary Lin glaubt eher an fünf Jahre. »Mehr Menschen werden sich des Themas bewusst und können ihr Fachwissen einbringen.« Auch sieht er viele Entwicklungen in kurzer Zeit, die ihn positiv stimmen.

Vieles um das neue Fleisch habe sich in den letzten Monaten verändert, sagt Gary Lin. Als es noch weniger Start-ups in dem Bereich gab, sei es einfacher gewesen, Gelder zu bekommen. Damals reichte noch die Powerpoint-Präsentation. Heute mit 40 oder bald 50 Firmen wird viel genauer hingeschaut. Vor allem wird das Team geprüft. Gary Lin interessiert sich vor allem für folgende Fragen: »Woran haben sie davor gearbeitet? Wie relevant ist der wissenschaftliche Hintergrund für ihre Arbeit? Haben sie schon ein Labor aufgebaut? Ein Team geleitet?«

Was sich ändern muss? »Nicht genug Talente aus der Wissenschaft und dem Ingenieurswesen kommen in die Branche«, sagt Lin. »Ich denke, es gibt noch genug Appetit der Geldgeber, aber nicht ausreichend reife Teams.«

Für Gary Lin spricht immer noch mehr für das Thema als dagegen. Er erwartet, dass das Wissen, das die Start-ups erarbeiten, sich in Geld umwandeln lässt, selbst, wenn die Firma selber scheitern sollte. »Sie können ihr erarbeitetes geistiges Eigentum lizenzieren lassen, verkaufen oder mit anderen Firmen fusionieren.« Das Wissen kann anderen nützlich sein. Er sieht das Risiko zu verlieren gar nicht so groß. »Kommerzieller Erfolg ist nicht das einzige Kriterium, wenn du das Geld in ein Unternehmen investierst, das die Welt verbessern will.« Es geht ihm auch um die anderen, nicht monetären Werte, im Sozialen oder der Umwelt.

Die Unsicherheit, die das neue Fleisch mit sich bringt, wird mit Überzeugung ersetzt. Vielleicht ist es ein zu verrücktes Anliegen für viele Investoren, aber diejenigen, die überzeugt sind, dass die heutige Fleischproduktion ein großes Problem ist, gehen das Risiko gerne ein. Für sie ist es der Versuch wert. Die Versuchung, die Tiere zu retten, ist zu groß – auch wenn der Ausgang noch ungewiss ist.

Auch Gary Lin weiß, dass es wahrscheinlich schneller wäre, wenn alle zusammen an dem neuen Fleisch arbeiten würden. »Doch so läuft das Spiel nun mal nicht. Aber als Investoren können wir Zusammenarbeit unter den Teams und auch unter den Geldgebern fördern.« Auch er würde gerne mehr öffentliche Gelder in dem Bereich sehen. »Investoren spielen eine so wichtige Rolle, weil es nicht genug Gelder von Regierungen für die notwendige Forschung gibt.«

Die USA ist immer noch sehr präsent in der Welt des neuen Fleisches. Aber der Wahlberliner Gary Lin stellt zufrieden fest: »Heute gibt es außerhalb der USA mehr Firmen als in den USA. Das ist ermutigend.«

Was hat Deutschland zu bieten? Kann es hier eine Firma auf den Markt schaffen? Das fachliche Talent ist da, meint Lin. Auch das Geld. »Deutschland steht bei den Geldgebern mit in erster Reihe.« In den USA sieht er gemeinnützige Organisationen, die in Firmen investieren. Etwas, was in Deutschland schwer vorzustellen ist. Gary Lin sagt: »Hier gibt es eine klare Trennung zwischen Kapitalismus und Wohltätigkeit.«

Über die ersten Teams, die gerade in Deutschland entstehen, sagt er: »Ich weiß noch nicht, wie weit sie es schaffen werden. Manchmal springen Menschen hoch motiviert auf das Thema auf, um dann festzustellen, wie ernüchternd es ist. Es ist ein multidisziplinäres Anliegen, das sehr teuer ist. Es ist nicht einfach, ein Pionier zu sein.« Gerade in Europa vermisst er den ausgereifteren unternehmerischen Führungsgeist.

Doch trotzdem wird es international viele Firmen geben, die an unterschiedlichen Lösungen arbeiten. Laut Gary Lin gilt die bekannte Regel »The winner takes it all« nicht für Lebensmittel. »Wenn eine Firma in Berkeley einen Burger rausbringt, wird das nicht der einzige Burger sein, den die ganze Welt essen wird.« Es ist ein Burger, keine App. Geschmäcker sind unterschiedlich, und es braucht unterschiedliche Rezepte und Produkte für verschiedene Regionen und Kulturen. »Essen ist sehr persönlich und in lokalen Traditionen verwurzelt«, sagt Lin. Auch wegen des komplizierteren Vertriebes sieht er die Chance für viele bedeutende Firmen. Eine Firma in den USA kann nicht ganz Europa mit einem Burger versorgen.

Probiert hat er das neue Fleisch noch nicht. Aber bald darf er, wenn er das nächste Mal in Kalifornien ist. »Ich bin gespannt«, sagt er, »aber ich denke, weil es Fleisch ist, wird es wie Fleisch schmecken.«

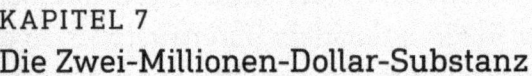

KAPITEL 7
Die Zwei-Millionen-Dollar-Substanz

Kann es gelingen? Die Idee Fleisch werden?
Was sind die nächsten Herausforderungen
für die Wissenschaft? Vielleicht stehen dem
neuen Fleisch die größten Hürden noch
bevor.

In einem Artikel mit der Überschrift »Flüssiges Gold«
fragte Der Spiegel im Oktober 2004: »Die womöglich
teuerste Flüssigkeit der Welt? Man mag da – politisch
korrekt – zunächst an Blut denken. Oder, angesichts
der aktuellen Preissprünge, an Benzin. Luxusfreunde
würden mutmaßen, es sei Champagner. Alles falsch.«
Druckertinte, so die Antwort des Magazins, sei eine
der teuersten Flüssigkeiten. Mit 1.700 Euro pro Liter
seien nur wenige Weine oder Parfum wie Chanel No. 5
teurer.[28]

Wer das neue Fleisch herstellen will, muss für gewisse Inhaltsstoffe auch tief in die Tasche greifen.
FGF-2 zum Beispiel, ein Wachstumsfaktor, der in der
Nährflüssigkeit, in der das Fleisch wachsen soll, zum
Einsatz kommt. Ein Gramm kostet zwei Millionen Dollar. Zwar wird es nur in sehr geringen Mengen benötigt,
trotzdem hat es einen erheblichen Einfluss auf den
Preis. Es werden nur 0,002 Milligramm auf einen Liter
gebraucht. Neben einem anderen Wachstumsfaktor
(TGF-ß) ist es für 96 % des Preises des Nährmediums
verantwortlich. Über 300 Euro pro Liter kostet dann
die fertige Mischung, so die Berechnung einer Studie
von Liz Specht vom US-amerikanischen Good Food Institute[29]. Die Organisation möchte sowohl pflanzliche
Alternativen zu Fleisch fördern als auch Kulturfleisch.

FGF ist als Zutat essenziell. Denn bisher wird in der
Forschung immer noch Kälberserum eingesetzt, welches die wichtigen Wachstumsfaktoren enthält. Die
urinfarbene Flüssigkeit ist ein ethisch hochproblema-
tisches Produkt. Es wird aus dem Blut ungeborener

Kälber gewonnen. Also für ein Produkt wie das neue Fleisch, das möglichst leidfrei hergestellt werden soll, keine Option.

Trotz der hohen Preise für die Inhaltsstoffe gibt sich Mark Post gelassen. Die Nährlösung, sagt er, ist wie Orangensaft. »Die Zutaten sind bekannt, wir müssen nur die Rezeptur und den Geschmack etwas abändern.« Warum dauert es dann so lange? »Die Inhaltsstoffe sind die gleichen, aber sie müssen für jeden Zelltyp optimiert werden. Das braucht Zeit.«

Mark Post rechnet damit, dass der Preis nach unten geht, wenn das Fleisch auf den Markt kommt. Aber er gibt zu bedenken, dass es für ihn schwer ist, eine Einschätzung zu geben, da er nicht mehr alleine an dem neuen Fleisch arbeitet. Es ist etwas unübersichtlich geworden. Er sagt: »Heute arbeiten mehr Menschen an dem Thema. Das macht die Sache weniger vorhersehbar. Aber es erhöht die Wahrscheinlichkeit des Erfolges.«

Er traut den Firmen, die die Nährmedien und Wachstumsfaktoren herstellen, nicht so richtig. Sie beliefern Pharmakonzerne, die bisher die teuren Preise akzeptiert haben. »Die Hersteller haben keinen Anreiz, die Preise zu senken«, sagt Mark Post. Für ihn ist eher ein Hindernis: »Es ist eine Herausforderung, die Haltung in den Firmen zu ändern. Bisher haben sie mit kleinen Mengen sehr viel Geld verdient, jetzt sollen sie sehr große Mengen viel günstiger verkaufen.«

Die Nährflüssigkeit ist auch deswegen ein wichtiges

Thema, weil sie um die 80 % des Preises von dem neuen

Fleisch ausmacht. Schätzungsweise 50 Liter benötigt Mark Post für die Herstellung von einem Kilo Kulturfleisch. Damit die Rechnung aufgeht, muss der Literpreis für Flüssigkeit auf ungefähr zehn Cent runtergehen. Dann würden die Kosten für ein Kilo Fleisch bei fünf Euro für die Nährflüssigkeit liegen. Noch mal zum Vergleich: Die Studie des Good Food Institute berechnete, dass ein Liter momentan noch um die 300 Euro kostet. Die Aufgabe für die Wissenschaftlerinnen und Wissenschaftler ist es also, den Preis von 300 Euro auf zehn Cent zu reduzieren. Ist das möglich? Zum einen soll das passieren, indem sie das Nährmedium selber mischen und dadurch nicht mehr von den Pharmazulieferern abhängig sind. Zum anderen müssen aber gerade Wachstumsfaktoren deutlich günstiger hergestellt werden. Mark Post hält das für machbar. Er vergleicht die Zwei-Millionen-Euro-Substanz FGF-2 mit Insulin, welche komplexer ist, aber für 300 Euro verkauft wird. Das ist 30.0000 Mal günstiger als FGF-2. »Auch in der Lebensmittelherstellung gibt es ähnliche Enzyme, die für vier Euro pro Gramm hergestellt werden«, sagt Post. »Das zeigt, wie verrückt der medizinische Markt ist. Aber das zu ändern ist möglich. Wir können und wir werden das schaffen.«

Kate Kruger sieht die Frage nach der Nährflüssigkeit als eine der zwei großen Herausforderungen, die die Wissenschaft lösen muss, wenn das neue Fleisch eine Chance haben will. Sie ist wissenschaftliche Leiterin bei New Harvest. Sie betreut die von der Organisation unterstützten Forschungsprojekte. Sie machte ihren Doktor in Zellbiologie in Yale, einer der führenden Universitäten für das Fach. Anders als viele ihrer Bekannten an der Universität entschied sie sich für das weniger sichere Arbeitsfeld der Lebensmittelentwicklung. Und dann noch in einem Bereich mit lediglich einem potenziellen Markt in der Zukunft. In der Pharmabranche gibt es deutlich sicherere Jobs.

»Wenn wir die Herausforderungen nicht lösen«, sagt Kruger, »wird es sehr schwer für Clean Meat.« Auch sie denkt, dass es machbar ist, den Preis von Wachstumsfaktoren wie FGF-2 zu reduzieren. Aber sie drückt sich etwas vorsichtiger aus: »Ich denke, dass es vielleicht möglich ist. Ich glaube nicht, dass die Nachfrage allein das regelt. Aber es werden mehr Menschen daran arbeiten, die Herstellung günstiger zu machen.«

Liz Specht rechnet in ihrer Studie sieben Szenarien durch, wie der Preis von den 300 Euro pro Liter auf bis zu 20 Cent fallen könnte. Die Szenarien beinhalten Schritte, wie die Menge an benötigten Wachstumsfaktoren reduziert wird oder wie der Preis durch eine gesteigerte Produktion sinken kann. Sie betont, dass alle Schritte realistisch sind und keine großen Innovationen benötigen.

Die zweite Herausforderung sieht Kate Kruger in der Frage nach den Bioreaktoren. Ein Bioreaktor ist ein Tank, in dem bei der Herstellung des neuen Fleisches die Zellen wachsen. Eingesetzt werden sie heute bei der Herstellung von Bier oder Wein. Je nach Bedarf gibt es Bioreaktoren, die ein Fassungsvermögen von ein paar Litern bis zu mehreren Tausend Litern haben.

»Worüber wenige sprechen, ist die Frage, welche Bioreaktoren in der größeren Produktion zum Einsatz kommen. Niemand produziert das Fleisch heute im großen Stil.« Diese Herausforderungen sieht Kruger. »Wie können wir ein großes Gewebestück wachsen lassen? Wie können wir sicherstellen, dass die Muskeln genug Sauerstoff bekommen?« Wenn die Zellen zu dicht aneinander wachsen, bekommen sie nicht ausreichend Luft und sterben. Deswegen braucht es für die Muskelzellen kleine Gerüste, an denen sie wachsen können. »Woraus könnten diese Gerüste gemacht werden?« Auch die Frage, was die Zellen essen, ist noch nicht beantwortet.

Hanna Tuomisto hat sich über Jahre damit befasst, welche Umweltauswirkungen eine Massenproduktion von Clean Meat im Vergleich zu der heutigen Herstellung von Fleisch haben könnte. Gleich zu Beginn des Gespräches sagt sie mir: »Weil es heute keine große Produktion von Kulturfleisch gibt, wissen wir nicht, wie sie aussehen könnte.« Trotzdem gibt es erste Annahmen, die sie treffen kann. »Die Klimaauswirkung ist von Futter abhängig. Für Kulturfleisch gibt es eine viel größere Auswahl an Futtermitteln.« Diese könnten wesentlich effizienter sein, wenn beispielsweise Algen an die Zellen als Nahrung gegeben wird. Ganz klar lässt sich sagen, dass das Neue weniger Land und Wasser verbrauchen wird. Insbesondere im direkten Vergleich mit Rindfleisch. Geflügelfleisch ist wesentlich effizienter, bringt aber auch Nachteile: die Ausscheidungen der Tiere. Die Gülle verschmutzt das Wasser und die Böden.

Der Energieverbrauch zukünftiger Fleischbrauereien ist eine der zentralen Herausforderung, was die Klimabilanz angeht. Hanna Tuomisto sagt:»Bioreaktoren müssen in verschiedenen Stadien beheizt und dann wieder runtergekühlt werden.« Auch ist die Herstellung der Wachstumsfaktoren sehr energieaufwendig.

Eine Frage, die immer wieder aufkommt, ist die nach Gentechnik in der Herstellung des neuen Fleisches. Es gibt so viele wissenschaftliche Ansätze, wie es Start-ups gibt. Und die wenigsten sind bereit, im Detail über ihr Verfahren zu sprechen. Mark Post ist der führende Wissenschaftler auf dem europäischen Markt. Nicht nur, dass er in Europa arbeitet, sein Ziel ist es, für den Burger eine Zulassung von der EU zu bekommen. Und das, sobald sein Burger-Prototyp steht. Bei den anderen Firmen ist es noch offen, ob sie planen, ihre Produkte in Europa zu verkaufen.

Mark Post machte eine klare Ansage: Seine Produkte werden ohne Genveränderung auskommen. Er sagt:»Ich sehe momentan keinen Grund, warum wir Gentechnik einsetzen sollten. Wenn ich es vermeiden kann, gehe ich immer den Weg des geringsten Widerstandes.« Für ihn sprechen vor allem pragmatische Gründe dafür.»Wenn das Produkt Kulturfleisch mit Gentechnik ist, dann ist der Behördengang für die Genehmigung unklar.«

Die Europäische Behörde für Lebensmittelsicherheit (EFSA) würde Clean Meat als »Novel Food« prüfen. Wenn das Produkt zusätzlich noch gentechnisch verändert wurde, müsste sich noch ein zweites Gremium damit befassen. »Niemand weiß, wie der Prozess dann aussieht«, sagt Post. »Vielleicht muss es erst durch die eine, dann durch die andere Prüfung. Das kann dann schnell drei Jahre dauern.« Eine unnötige Zeitverschwendung für ihn.

Ein wohlwollender, aber vorsichtiger Skeptiker ist Mike Edgerton. Er arbeitete fast 20 Jahre als Biologe bei Monsanto unter anderem an der Herstellung von Ethanol mit Mais und an der synthetischen Herstellung von Zuckerrohrsamen. Er ist der Meinung, dass es möglich ist, Clean Meat in großen Mengen herzustellen, aber dass es sehr, sehr lange dauern kann, bis es so weit ist. Er sagt: »Ich glaube, dass die Clean-Meat-Industrie noch nicht so weit entwickelt ist, dass sie in fünf Jahren ein zufriedenstellendes Produkt hat.«

Forschung und Entwicklung brauchen Zeit. Mike Edgerton nennt das Beispiel monoklonaler Antikörper. Das sind sehr teure Medikamente, die beispielsweise zur Behandlung von Abstoßungsreaktionen nach Organtransplantation eingesetzt werden. »Es dauerte ca. 20 Jahre, um von ›Wir sind uns ziemlich sicher, dass das funktionieren kann‹ bis zum tatsächlichen Verkauf als Medikament zu kommen«, sagt Edgerton.

Das Geld war kein Hindernis, das gab es genug für die Forschung. »Es geht darum, etwas Neues und Komplexes zu verstehen«, sagt Edgerton. »Beim Fleisch kommt noch der Preisdruck hinzu.« Medikamente lassen sich zu einem guten Preis verkaufen, Fleisch muss günstig sein. Sonst bleibt es im Laden liegen. Anders als bei Medikamenten gibt es keine Versicherung, die das Fleisch für uns bezahlt. Es geht nicht nur darum, das neue Fleisch überhaupt in großen Mengen herzustellen, sondern auch um einen sehr günstigen Preis. Eine große Herausforderung sieht er auch im Bau der ersten Produktionsstätte, die das Fleisch in großen Mengen herstellen kann. Mike Edgerton sagt: »Das lässt sich bei jeder Technologie beobachten: Niemand will die erste Fabrik bauen.« Bis es jemand gemacht hat, bleibt es eine Hypothese, dass es auch in einer großen Produktion funktioniert. Und auch wenn die Firmen von ihrem Bauplan überzeugt sind, brauchen sie dafür externe Geldgeber, die sie überzeugen müssen. Denn eine solche Fabrik kann teuer werden. »Als wir die Investitionen für die Herstellung der Zuckerrohrsamen planten, waren wir schnell bei Milliardenbeträgen«, sagt Edgerton. Verglichen mit der Ethanolindustrie sieht es nicht viel besser aus. Um 200 Millionen Euro oder mehr kostet ungefähr eine Fabrik, so Edgerton. Die Produktionsstätte für Clean Meat müsste wahrscheinlich steriler sein. Es könnte ähnlich viel kosten, meint Edgerton. »Man könnte sagen: Es wäre wahrscheinlich nicht günstiger als ein Ethanolwerk.«

Wie übertragbar sind die Vergleiche mit anderen Industrien? Zum jetzigen Zeitpunkt lässt es sich sehr schwer sagen, was eine Fabrik für das neue Fleisch kosten wird. Die Unsicherheit der Investition bleibt. Werden sich dafür Geldgeber finden, die das Risiko auf sich nehmen? »Typischerweise kommt das Geld an dieser Stelle nicht mehr von Risikokapitalgebern, sondern von Banken«, sagt Edgerton. »Und Banken haben eine ganz andere Risikotoleranz. Sie investieren nicht in zehn Projekte und hoffen, dass eins davon aufgeht. Sie wollen, dass kein einziges Investment scheitert.«

Mike Edgerton möchte kein Spielverderber sein. Er mag die Idee des neuen Fleisches sehr. Er stellt klar: »Clean Meat ist eine sehr gute Idee. Ich denke nur, dass wir noch sehr weit davon entfernt sind. Viel weiter als diejenigen, die gerade ihr Geld darin investieren, uns glauben lassen wollen.«

Wird das neue Fleisch erst in zehn Jahren auf dem Markt sein? Oder vielleicht in 20 Jahren? Mark Post, Jahrgang 1957, wäre dann über 80 Jahre alt. Wird er es erleben, wie das Fleisch in die Supermärkte kommt?

Das neue Fleisch wird vermutlich nicht von heute auf morgen in die Massenproduktion gehen. Erste kleinere Manufakturen könnten das Fleisch produzieren und in geringeren Stückzahlen auf den Markt bringen. Vielleicht vereinfacht das den Schritt zur Massenproduktion. Mark Posts Firma Mosa Meat arbeitet genau daran. Von dem Labor der Universität in Maastricht ziehen sie um in eine erste kleine Produktionsstätte.

Es ist ein Fabrikgebäude mit einer großen Produktionshalle. Sie ist ein paar Minuten von ihrem jetzigen Labor an der Universität in Maastricht entfernt. Ein Bild des Teams in der neuen Heimat postete die Firma bereits auf Facebook. Etwa 20 Menschen grinsen in die Kamera, sie wirken klein in der mehrere Meter hohen

Halle, die mit Neonlicht erhellt ist. Kartons und kleine Metallwagen stehen in der Ecke. Mark Post steht auf dem Gruppenfoto wie ein Praktikant in der zweiten Reihe, sein Gesicht ist durch den Kopf der Person vor ihm halb verdeckt.

Die geplanten Arbeitsschritte zur Fleischherstellung in der Manufaktur lassen sich in vier Schritte unterteilen. Mark Post beschreibt sie wie folgt: Im ersten Schritt wird die Fleischprobe von dem Rind entnommen und daraus die Zellen gewonnen. Das ist eher eine kleine Abteilung. Die Zellen kommen dann in die Zellproduktion, bestehend aus den großen Tanks, den Bioreaktoren. Aus einer Zelle können eine Billion neue entstehen[30]. Die Zellen gehen dann im dritten Schritt zur Gewebeherstellung. Ein Robotersystem, im Grunde auch eine Art Bioreaktor, aber mit einer wesentlich höheren Zelldichte. Im letzten Schritt wird dann das gewonnene Fleisch in einem Fleischwolf zu einem Fleischbratling zerhäckselt. Und fertig ist das neue Fleisch.

Für diesen Prozess werden weiterhin Tiere benötigt, von denen per Stanzbiopsie die Fleischproben entnommen werden können. Aus einer solchen Probe können 10.000 Kilo Fleisch hergestellt werden. Mark Post rechnet das auf den globalen Konsum von Rindfleisch hoch: 200 Rinder würden ausreichen, um die gleiche Menge an Fleisch wachsen zu lassen, die heute von 1,5 Milliarden Rindern kommt[31].

So weit der Plan. Gerade ist das Team von Mark Post dabei, die Anlage Schritt für Schritt zu entwickeln. Noch ist nicht klar, ob in dieser Pilotanlage ausreichend Fleisch wachsen kann, um Hamburger für den Verkauf in größeren Mengen herzustellen. »Wir streben an, genug zu produzieren, um es unter unserer eigenen Marke zu verkaufen«, sagt Mark Post. Langfristiges Ziel von Mosa Meat ist es, Lizenzen des Fertigungsprozesses an andere Firmen zu verkaufen, dass diese dann auch das neue Fleisch herstellen und vermarkten können. Davor muss es jedoch grünes Licht von der EFSA kommen. Es muss klar sein, dass das Fleisch in Europa verkauft werden kann.

Noch ist viel zu tun. Viele Fragen sind offen, und es gibt keine Sicherheit, dass die Herausforderungen bewältigt werden können. »Das ist die Sache mit der Wissenschaft«, sagt Kate Kruger, »du weißt nie sicher, ob es möglich ist, bis du es getan hast.«

KAPITEL 8
Der Preis des Fleisches

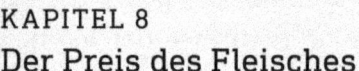

Das Fließband hat das Schlachten und
den Preis von Fleischprodukten verändert.
Aus einem edlen Produkt wurde
Massenware. Wie konnte es dazu kommen?

»Es gibt diese Debatte um das Wohl der Tiere. Wir denken aber auch an das Wohl der Landwirte«, sagt ein Vertreter eines Start-ups auf der EuroTier in Hannover, der weltgrößten Messe für Tierhaltung. »Chicken Boy« heißt das Produkt der jungen Firma. Der Boy ist in Wirklichkeit ein Roboter. Er fährt mit Sensoren ausgestattet an einer Schiene über den Tieren durch die Mastanlage, dokumentiert den Geruch, die Gesundheit, die Sterblichkeit der Tiere und erkennt den Ausbruch von Krankheiten. Auf dem Mobiltelefon lassen sich die Berichte des Roboters empfangen und lesen. »Automatische Hühnerüberwachung« steht auf einer Broschüre der Firma[32]. Das Logo ist ein Huhn mit aufgeschlagenen Flügeln in der Silhouette eines Herzens. Das Logo und der Name stechen auf der Messe heraus aus der Monotonie der Firmennamen bestehend aus nichtssagenden Worten oder Akronymen wie PHW, A-Systems oder WAM GmbH. Das Start-up versteht, wie es sich moderner und zeitgemäßer präsentiert.

»Mit dieser Maschine kann sich der Landwirt mal einen Tag frei nehmen«, sagt der Standbetreuer. In einem Werbevideo auf der Webseite sagt eine Männerstimme: »Tierschutz ist sehr wichtig, wäre er nur nicht so teuer! Was, wenn ich doch nur mehr Augen und Ohren hätte?«[33] Doch günstig ist der Hilfsroboter nicht: 10.000 Euro kostet ein Chicken Boy, plus Installation.

Dass Maschinen immer mehr Verantwortung in der modernen Tierhaltung übernehmen, zeigt auch ein Befruchtungsstimulator für Muttersauen. Die Aufgabe dieser Tiere ist es, Ferkel zu bekommen, die getrennt von ihren Müttern in Mastanlagen bis zur Schlacht-reife heranwachsen. Die Muttersauen werden nicht von anderen Schweinen, sondern künstlich von dem Menschen befruchtet. Damit sie bei der künstlichen Besamung empfänglicher sind, werden sie an der Seite neben den Hinterbeinen stimuliert. An der Stelle, an der sich sonst der Eber beim Sex mit den Vorderbeinen abstützen würde.

»Stimulus« heißt die Maschine der Firma Unitron aus Dänemark, dem Land, in dem doppelt so viele Schweine wie Menschen leben.[34] Wie ein Sattel wird sie der Sau über den hinteren Rücken gelegt. Während der Samen eingeführt wird, klatscht Stimulus gegen die Seiten der Sau. Vielleicht acht rhythmische Schläge, dann wieder eine Pause. Das mechanische Tak-tak-tak hört sich eher nach Fabrik als nach Bauernhof an. Die Maschine simuliert einen Eber und stimuliert so die Sau.

Die Apparatur schafft es, 20 Sauen in einer Stunde zu befruchten. Damit schlägt sie den Menschen. Wer-den die Schweine bereits wie Geburtsmaschinen be-handelt, verkommen sie durch den Einsatz von Ma-schinen noch mehr zu Gegenständen. Der Mensch kontrolliert die Reproduktion der Tiere, und Stimu-lus massiert dabei den Rücken. Stolz wird an dem Stand erklärt: »Die Maschine ist einfühlsamer als ein Mensch.« Sagt das nun mehr über die Maschine oder den Menschen aus?

Anders als Chicken Boy ist Stimulus weniger eine Verbesserungsidee der Industrie, sondern Realität und wird bereits großflächig in der Schweinezucht angewendet. Die dänische Firma ist kein Start-up, sie produziert für Firmen europaweit. Am Messestand sagt ein Vertreter:»Gerade in harten Zeiten müssen Landwirte investieren. Verbessert euch und spart Kosten.«

Sind Roboter und Automaten die große Hoffnung? Wie viel kann mit Maschinen in der Tierhaltung gespart werden? Was, wenn der Preis bereits ganz unten angekommen ist? Die Kosten nicht weiter zu drücken sind? Was, wenn Effizienzsteigerung nur noch in sehr geringem Umfang möglich ist?

Die Erfolgsgeschichte der industriellen Fleischproduktion ist eine Geschichte des Preiskampfes. Nur als günstiges Produkt konnte es einen Massenmarkt erreichen.

In den USA beginnt diese Geschichte mit der Aneignung von Land der amerikanischen Ureinwohner. Samuel Moyn, Professor für Geschichte an der Yale Universität, fasste die Entwicklung folgendermaßen zusammen:»Die Ländereien waren nicht unbewohnt, als die Rancher eintrafen. Nach dem Ende des Mexikanisch-Amerikanischen Krieges 1848 breiteten sich weiße Siedler in den Great Plains aus, führten ethnische Säuberungen von amerikanischen Ureinwohnern durch, schränkten sie in Reservaten ein und eigneten sich ihre Länder an.« Zusammenfassend schreibt er: »Enteignung und Gewalt waren entscheidend in der Verbreitung von Rindfleisch.«[35]

Fahim Amir beschreibt in seinem Buch »Schwein und Zeit«, wie der Fleischpreis in den USA Schritt für Schritt durch technische Entwicklungen gedrückt wurde[36]. Die Nutzung der Eisenbahn ermöglichte es, Schlachttiere auch über größere Entfernungen zu transportieren. Dies führte in den 1860er-Jahren zu einer Konzentration der Schlachthäuser in Cincinnati und Chicago im Norden des Landes. Durch die Einführung der Konserve 1875 konnte das Fleisch wesentlich kompakter und dadurch günstiger verfrachtet werden. Die Benutzung von Kühlwaggons ab 1880 ermöglichte, nicht nur wie zuvor die lebenden Tiere, sondern auch das tote Fleisch weite Distanzen zu transportieren. Einen entscheidenden Vorteil brachte die Verwertung des kompletten Tieres. Fahim Amir schreibt: »Während in Cincinnati die meisten Körperteile der Schweine – außer Schinken, Schulter, Seite und Bauch – nach der Zerteilung in den Fluss Ohio geworfen worden waren, verkehrte sich in Chicago die Logik: Die überall sonst als Müll betrachteten Überreste der Tiere verwandelten sich in den Räumen der Schlachthöfe zunächst in Klebstoff, Schmalz, Kerzen, Seife und Bürsten, um dann als alles entscheidende Rendite zurückzukehren.« Das ermöglichte den Fleischfirmen, die Produkte unter dem marktüblichen Preis zu verkaufen. Zwischen 1865 und 1900 wurden in den Schlachtfabriken in Chicago 400 Millionen Tiere getötet.[37]

Mit 25 Jahren besuchte Karl Ludwig Schweisfurth die USA. Ziel der Reise waren die Schlachthäuser in Chicago. Schweisfurth hatte nach dem Krieg die Metzgerei von seinem Vater übernommen und führte sie unter dem Firmennamen Herta weiter. Er wollte von Chicago das effiziente industrialisierte Töten lernen. Zurück in Deutschland, verwandelte er den Familienbetrieb in die größte und modernste Fleischfabrik Europas. So kam das industrielle Schlachten von Chicago auch nach Deutschland[38]. Heute ist Herta eine Tochtergesellschaft von Nestlé.

Wie sieht heute die Fleischproduktion in Deutschland aus? Im Juni 2015 lud die grüne Fraktion zu einem Fachgespräch in den Bundestag, um über Arbeitsbedingungen in deutschen Schlachtfabriken zu sprechen. Eingeladen war auch Josef Tillmann, damaliger Geschäftsführer von Tönnies. Die Firma ist der umsatzstärkste Fleischkonzern in der Bundesrepublik. Im Jahr 2017 machte die Firma einen Umsatz von 6,9 Milliarden Euro[39]. Das ist mehr als doppelt so viel wie der Konkurrent Vion auf Platz zwei.

Tönnies betreibt in Rheda-Wiedenbrück Deutschlands größte Schlachtfabrik für Schweine. Josef Tillmann erzählte, dass es für diese Schlachtfabrik nur drei deutsche Bewerber gab, die Fleischer werden wollten. Der Ausbildungsberuf habe »keine Akzeptanz mehr bei Jugendlichen«. Für die Tätigkeiten am Fließband in der Schlachtfabrik, für die es keine Ausbildung braucht, sieht es noch eindeutiger aus. »Da finden sie keinen mehr«, sagte der damalige Tönnies-Chef.

Deutsches Fleisch wird hier geschlachtet und zerlegt, aber ermöglicht wird es in meinen Augen durch Ausbeutung von Arbeiterinnen und Arbeitern aus dem osteuropäischen Ausland. Die Schlachthäuser brauchen diese Menschen aus dem Ausland. Sonst gäbe es in Deutschland kein Fleisch – zumindest nicht so billig. Deutsches Fleisch kostet so wenig, dass es sowohl aus Frankreich als auch aus Belgien Beschwerden bei der europäischen Kommission gegen das Lohndumping in deutschen Schlachthäusern gab[40].

Es ist bizarr: Fleisch galt lange als eine vornehme Speise, ein Luxusprodukt. Das Gegenteil ist heute der Fall: Fleisch muss günstig sein. Wie sehr Menschen günstiges Fleisch als ihr Recht ansehen, zeigt ein Ereignis, das Samuel Moyn beschreibt: 1902 stürmte eine Gruppe von Frauen New Yorks Metzgerläden, zerschlug die Fenster, schüttete Säure und Kerosin auf das Fleisch. 500 Polizeikräfte kamen zum Einsatz, um den Aufstand zu stoppen. Auslöser war, dass die Fleischpreise gestiegen waren.[41] Auch heute ist es schwer vorstellbar, dass Fleisch wieder teurer werden könnte. Gibt es ein Zurück? Jetzt, da Fleisch für immer mehr Menschen erschwinglich geworden ist?

Einer der ersten, der sich zu der neuen Fleischherstellung Gedanken machte, war Winston Churchill. 1931, also neun Jahre, bevor er das erste Mal Premierminister des Vereinigten Königreichs wurde, riskierte er folgende Prognose: »Es ist absurd, ein ganzes Huhn aufzuziehen, nur um seine Brust oder seine Flügel zu essen; lasst uns diese Teile einzeln züchten, in einem geeigneten Medium.«[42] Das war zu einer Zeit, in der die Weltwirtschaftskrise noch nicht überwunden war und Menschen in Deutschland ihr Essen in Notstandsküchen kauften.

Wir können davon ausgehen, dass für Churchill das Tierleid in den Schlachthäusern keine Rolle spielte. Auch die Klimakrise war damals noch kein Thema. Ihm ging es um die Unwirtschaftlichkeit der Fleischproduktion. Ein ganzes Tier wird gezüchtet, gefüttert, geschlachtet, obwohl eigentlich nur einzelne Teile interessant sind – für ihn absurd.

In der Ökonomie spricht man bei der Fleischherstellung von einem Veredelungsprozess. Wer auf einem Bauernhof nicht nur Feldwirtschaft betreibt, sondern auch Tiere hält, erzeugt hochwertige Fleischprodukte. Nur sind heutzutage Fleischprodukte keine teuren Produkte mehr. Die Haltung von Tieren lohnt sich nur in sehr großen Mengen.

Für ein Huhn bekommt ein Mastbetrieb heute einen Schlachtpreis von 90 Cent pro Kilo[43]. Bei einem Schlachtgewicht von 1,5 Kilo[44] also weniger als 1,50 Euro für das Tier. Von einer Veredelung kann da kaum mehr die Rede sein. Zudem ist gerade diese Veredelung eine enorme Ressourcenverschwendung: Der Umweg über das Tier führt zu einem Kalorienverlust. Bei Rindfleisch liegt die Umwandlung bei 7:1[45].

Veredelung ist im Falle der Fleischproduktion nichts anderes als Lebensmittelverschwendung. Die britische Aktivistin Jane Land sagte bei einer TV-Diskussion zu Fleischproduktion und den Klimafolgen: »Als würden wir zum Kühlschrank gehen und zehn Teller mit Essen herausnehmen und neun davon wegschmeißen. Das ist es, was wir letzten Endes tun.«[46] Können wir uns das leisten? Kann sich das eine Branche leisten, die durch Effizienzsteigerung so erfolgreich wurde? Kann Verschwendung effizient sein?

Die herkömmliche Fleischproduktion ist in einer Sackgasse gelandet: Sie kann weder als Veredelung dienen noch kann die Effizienz ewig gesteigert werden. Das ist zumindest die Meinung von AT Kearney, einer der größten Unternehmensberatungen weltweit für Großunternehmen.

Die Beratung hat eine Studie[47] vorgelegt, die der Frage nachgeht, wie Kulturfleisch und Fleischalternativen die Lebensmittelindustrie erschüttern (disrupt) kann. Disruption ist ein wichtiges Wort im Wirtschaftssprachjargon. Es beschreibt eine Innovation, die gängige Vorgehensweisen eines Marktes verändert, vielleicht sogar in Frage stellen kann. Also beispielsweise das, was Amazon mit dem Einzelhandel oder Uber mit dem Taximarkt in den USA gemacht hat.

Die Studie richtet sich an Lebensmittelfirmen und jetzige Fleischproduzenten. Zwar schreibt die Beratung in ihrer Studie, dass beispielsweise ein optimiertes Fütterungssystem bei Fischen eine Einsparung von 10 % bringen kann. Aber: »Die Verbesserung der Effizienz der konventionellen Methoden ist langfristig nicht genug, um die dringenden Herausforderungen unserer Lebensmittelherstellung zu bewältigen.« Sie würde weder die Schwierigkeit des enormen Bedarfes an Land oder Wasser noch die Folgen der intensiven Tierhaltung wie Antibiotikaresistenzen lösen. Sie schreibt:»Die industrielle Fleischproduktion hat ein Imageproblem, und die Großindustrie der Tierhaltung

wird von vielen als ein unnötiges Übel angesehen.«
Die Studie kommt zu dem Schluss: »Die Lösungen für
die Effizienzsteigerung der konventionellen Fleischproduktion sind fast erschöpft.« Klare Worte an die
Zielgruppe der Studie. Wer als Fleischfirma weiter die
Effizienz steigern möchte, ist wesentlich besser mit
den neuen Wegen der Fleischherstellung beraten.

In unserer heutigen hochtechnologisierten Welt sind
wir in kaum einem Lebensbereich noch so abhängig von
Tieren wie beim Essen. In der Steinzeit »benutzten« die
Menschen Tiere, weil nichts anderes da war. Wir müssen heute nicht mehr warten, bis ein Tier vorbeiläuft,
um aus der Haut unsere Kleider und aus den Knochen
und dem Horn unsere Werkzeuge herzustellen. Zwar
benutzen wir Tiere immer noch als Woll- und Lederlie-
feranten, aber die Abhängigkeit ist längst nicht so krass
wie bei der Ernährung. Wir nutzen moderne Technologien in vielen Lebensbereichen. Unsere Nachrichten
verschicken wir per E-Mail, nicht mehr per Brieftaube
oder Postkutsche. Wir brauchen keine Pferde, um uns
fortzubewegen. Wir nutzen mehr und mehr erneuer-
bare Energien und werden hoffentlich bald kein Erdöl
oder Kohle mehr benötigen. Vor allem brauchen wir
heute kein Walöl mehr, um Licht an dunklen Tagen zu
haben, wie es vor 100 Jahren noch der Fall war. Wir haben uns in vielen Bereichen von dem Tier emanzipiert.
Moderne Technik hat die Nutzung von Tieren überflüssig gemacht. Aber am Fleisch halten wir fest.

Von Henry Ford, dem Gründer der Autofirma Ford,
stammt das bekannte Zitat: »Wenn ich die Menschen

gefragt hätte, was sie wollen, hätten sie gesagt, schnellere Pferde.«Es war keine Entscheidung des Tierschutzes, sondern hatte wirtschaftliche Gründe, dass wir heute in wohlhabenden Ländern Pferde weder in der Landwirtschaft noch als Transporttiere nutzen. Wird Clean Meat die herkömmliche Fleischherstellung auf den Kopf stellen wie das Auto den Transport? Sitzt die Fleischindustrie immer noch auf Kutschen und hat nicht verstanden, dass es Zeit ist umzusteigen?

Das neue Fleisch wird nur eine Chance haben, wenn es den Preiskampf gegen das Billigfleisch aus den Schlachthäusern auf sich nehmen kann. Es ist zu erwarten, dass die ersten Produkte zwar als Exklusivfleisch zu sehr hohen Preisen verkauft werden, doch langfristig muss der Preis bei einem vergleichbaren Niveau wie Massentierhaltungsfleisch liegen. Letztendlich sollte es sogar günstiger werden.

Folgendes Szenario wäre denkbar: Zu Beginn wird das neue Fleisch eine extreme Exklusivität haben. Die Firmen können bei Markteintritt nicht ausreichende Mengen für große Supermärkte liefern. Dies erlaubt ihnen, höhere Preise zu verlangen, die auch bezahlt werden, da es ja eine absolute Rarität ist. Vielleicht vergleichbar mit Kobe-Rindfleisch, dem teuersten Rindfleisch der Welt. Ein Kilogramm kostet um die 400 bis 600 Euro und auch mehr. Deswegen bietet es sich für die Firmen an, sich auf teure Produkte wie Foie Gras zu konzentrieren. Der Preis ist hoch, gleichzeitig ist die Konsistenz vergleichbar einfach

umzusetzen.

Mit größeren Produktionsstätten und ersten Erfolgen im Verkauf könnte sich das Fleisch zu einer sichtbaren Alternative in besseren Lebensmittelgeschäften entwickeln. Vielleicht vergleichbar mit Biofleisch. Zwar immer noch teurer, aber durchaus interessant für die, die es sich leisten können. Durch größere Abnahmen von Supermarktketten könnte danach ein Kilopreis von acht Euro erreicht werden, dem heutigen durchschnittlichen Ladenpreis für Rinderhackfleisch in Deutschland. Langfristig könnte es sogar günstiger werden als Fleisch von Tieren. Es könnte der neue Mainstream werden und Schlachthausfleisch die Ausnahme.

Die Unternehmensberatung AT Kearney prognostiziert, dass Kulturfleisch von 2025 bis 2040 sich einen Marktanteil von 35 % erkämpfen wird. Weitere 25 % werden vegane Fleischalternativen einnehmen, sodass Tierfleisch bei einem Marktanteil von nur 40 % liegen wird. Damit wird es zwar immer noch die größte Kategorie sein, doch 60 % kommen dann nicht mehr von geschlachteten Tieren.

Der Roman »Der Dschungel« von Upton Sinclair beschreibt die Anfänge der industriellen Schlachthöfe in Chicago zu Beginn des 20. Jahrhunderts. An einer Stelle heißt es: »Vom Schwein bleibt nichts unverwertet, bloß für das Quieken hat man noch keine Verwertung gefunden.« Im Buch sind mit dem niedlich klingenden »Quieken« nicht die Laute von glücklich über die Wiese hüpfenden Schweinchen gemeint, sondern die Schreie der Tiere im Schlachthaus. »Der Lärm war grauenhaft; er drohte, das Trommelfell zu zerreißen, und man befürchtete, dass dieser Krach die Wände sprengen oder die Decke zum Einsturz bringen müsse. Da war hohes Quieken und tiefes Quieken, grimmiges Grunzen und qualvolles Wimmern; zwischendurch verebbte es mal kurz, setzte aber gleich wieder von neuem ein, noch greller und durchdringender.« Alles wurde verwertet – nur der Horror nicht. Auch wenn der Kapitalismus zu gerne auch daraus einen Mehrwert geschaffen hätte, das Grauen in den Schlachthäusern war noch nie besonders verkaufsfördernd. Sinclair beschreibt den Kontrast zwischen den modernen Schlachtfabriken und den leidenden Tieren: »Es war Schlachten per Fließband, Schweinefleischgewinnung mittels angewandter Mathematik. Dennoch konnte selbst der unsentimentalste Mensch nicht umhin, an die Tiere zu denken. Sie waren so arglos, trotteten so vertrauensselig herbei, wirkten in ihrem Protest so menschlich – und waren mit ihm so im Recht!«[48]

Auch wenn viele Jahrzehnte seit Sinclairs Recherchen vergangen sind, die Kritik an Schlachthäusern reißt nicht ab. Wenn Tiere zu Millionen im Akkord getötet werden, sind Fehlbetäubungen eine Realität – selbst wenn die Schlachthäuser noch so modern sind. Die Angst der Tiere in ihren letzten Lebensminuten kann nicht wegrationalisiert werden. Noch wurden keine Tiere gezüchtet, die glücklich quiekend in die Schlachtmesser laufen. Die Bilder aus Schlachthäusern sind schwer anzusehen. Wir werden uns nie an sie gewöhnen, höchstens beim Betrachten abstumpfen.

Fleisch ohne Schreie und das Leiden der Tiere kann möglich werden. Doch nur, und da ist die derzeitige Logik unserer Welt eisern, wenn der Preis stimmt.

KAPITEL 9
Werden wir es essen?

Was der Bauer nicht kennt, das isst
er nicht. Wie werden Verbraucherinnen
und Verbraucher reagieren, wenn sie
im Supermarkt die Wahl zwischen
konventionellem und neuem Fleisch
haben?

In einem Vortrag des Historikers Benjamin Wurgaft fällt auf einmal dieser Satz. Wie ein Echo hallt er die Tage danach durch meinen Kopf. Leicht amüsiert trägt er ihn vor: Wir Menschen haben länger Fleisch gegessen, als dass es uns gibt[49]. Absurd und doch wahr: Schon bevor es uns als Homo sapiens gab, haben unsere Vorfahren Fleisch gegessen. Den Menschen vom Fleischessen zu trennen ist keine leichte Aufgabe.

Zwar essen immer mehr Menschen kein Fleisch, doch die Menschheit als Kollektiv entscheidet sich gerade dazu, immer größere Fleischberge zu bestellen. Und historisch betrachtet definiert den Menschen das Fleischessen eher als der Vegetarismus. Es ist ein gewaltiges und gewalttätiges Erbe. Können wir es hinter uns lassen? Vielleicht mit einem Trick: Wenn wir schon das Fleisch nicht loswerden, dann vielleicht das Töten der Tiere? Das wäre die Idee von Clean Meat. Das ist auch das Thema des Vortrages von Wurgaft. Dazu hat er auch ein Buch geschrieben[50].

Von einer Welt mit einer neuen Art der Fleischproduktion ohne Schlachthäuser sind wir noch weit entfernt. Wenige Menschen können heute von sich behaupten, das neue Fleisch gegessen zu haben. Eine der Ersten, die es probieren durften, ist Hanni Rützler. Die österreichische Ernährungswissenschaftlerin ist die führende Trendforscherin für Lebensmittel im deutschsprachigen Raum. Sie befasst sich seit vielen Jahren mit der Frage, was wir in Zukunft essen werden.

Rützler lernte Mark Post bei einer Diskussionsrunde zu der Zukunft der Ernährung in Finnland kennen. Post präsentierte damals die ersten Zwischenergebnisse der Forschung. Sie erinnert sich gut an das erste Treffen. »Wir waren nicht immer einer Meinung, haben aber viel diskutiert und gelacht.«

Sie fand die Idee des neuen Fleisches spannend. Wollte aber nicht nur darüber reden, sondern es auch probieren. Sie ließ Mark Post wissen: »Wenn es irgendwie die Chance gibt, das Fleisch zu kosten, dann hätte ich Interesse.« Etwas Zeit verging, dann rief Mark Post bei ihr an und fragte, ob sie nach London kommen würde, um bei der Präsentation des ersten Kulturfleisch-Burgers dabei zu sein. Als Foodtrend-Expertin solle sie für die Öffentlichkeit ein Urteil über sein Fleisch fällen.

Als der Burgerbratling auf der Bühne in London von dem Koch zubereitet wurde, sah sie die klassische Maillard-Reaktion, die das Fleisch beim Anbraten braun werden lässt. Kein Zweifel, Mark Posts Burgerpatty verhält sich in der Pfanne wie echtes Fleisch. Beim Probieren war sie überrascht von der Konsistenz. »Sehr nahe am Original«, sagt sie rückblickend. Damals wie heute geht sie davon aus, dass es Kulturfleisch zur Marktreife schaffen wird. »Das Konzept hat trotz vieler Fragezeichen einfach großes Potenzial.«

Hanni Rützler sagt, durch die Industrialisierung der Tierhaltung sei es zu einer »Demokratisierung der Fleischkonsums« gekommen. Fleisch wurde für alle zugänglich. Gut für alle, die gerne Fleisch essen, schlecht für die Tiere. Die Zeiten, in denen Fleisch etwas Wertvolles ist, sind vorbei. »Jetzt kommt eine Generation, die die günstigen Fleischpreise und die

Massentierhaltung unappetitlich findet«, sagt sie. Ihre Prognose: »Fleisch verliert die Rolle als Leitsubstanz auf dem Teller.«

Auch bei den großen Fleischproduzenten sei das angekommen. »Die wissen, dass diese Art von Lebensmittelproduktion nicht zukunftstauglich ist. Wir stehen vor einem großen Wandel der Esskulturen.« Deswegen sei es wichtig, große Brötchen zu backen. Clean Meat ist für sie längst kein Gedankenspiel mehr. Viele sind sich sicher, dass es nur eine Frage der Zeit ist, bis wir das neue Fleisch essen werden. Doch es kann auch ganz anders kommen.

Wenn die technische Hürde genommen ist, bleibt noch die soziale. Wird das Fleisch überhaupt gekauft? Sind die Menschen in Deutschland offen für ein solches Lebensmittel? Wollen sie es überhaupt essen? »Der deutschsprachige Kulturraum schaut besonders kritisch auf neue technologische Entwicklungen«, sagt Rützler. »Wir haben eine sehr schizophrene Ausgangslage. Einerseits sehr romantisch: das glückliche Tier auf der Wiese. Und andererseits extrem preisgetrieben. Das passt nicht zusammen.«

Was, wenn – trotz aller Argumente – die Ängste am Ende gewinnen? Menschen fürchten sich vor dem Unbekannten – gerade beim Essen. Was der Bauer nicht kennt, das frisst er nicht, heißt es in Deutschland. Chris Bryant von der University of Bath in Großbritannien nennt das eine Neophobie vor Essen, Abneigung vor neuen Lebensmitteln. Seine Forschung geht der Frage nach, ob die Menschen das neue Fleisch essen werden. Er ist groß gebaut, hat ein rundliches Gesicht und bezeichnet sich selbst als widerwilligen Vegetarier, er vermisst Fleisch.

Er spricht über verschiedene Studien, die sich mit der Akzeptanz von Clean Meat auseinandersetzen, thematisiert aber auch das Konzept der Natürlichkeit. Für viele scheint es wichtig zu sein, dass die Lebensmittel natürlich hergestellt werden. Doch das Konzept der Natürlichkeit ist schwierig zu definieren. Ist Brot ein natürliches Lebensmittel? Es wächst nicht an Bäumen und wird heute meist in modernen Fabriken gebacken. Ist das schlimm? Bier ist ein Produkt der Wissenschaft. Nur durch Menschenhand und den chemischen Gärungsprozess kann es entstehen. Reinheitsgebot hin oder her: Genauso wenig wie Kulturfleisch wächst Bier wild in der Natur. Wir Menschen haben es erschaffen.

Die Buchstaben, die sie hier lesen, wurden eines Abends in einen Laptop getippt. Es war schon dunkel, aber das unnatürliche elektrische Licht erhellte den Raum. Sie halten ein in der Fabrik gedrucktes Buch in der Hand, bestehend aus chemisch bearbeiteten Papierfasern. Oder auf einem E-Book-Reader, wesentlich freundlicher für die Umwelt. Alles höchst unnatürlich. Das Problem bei der Kategorisierung in natürlich und unnatürlich ist, dass es keine klare Bedeutung des Wortes gibt und dass die Begriffe fast immer wertend verwendet werden. Das Gute ist natürlich, das Schlechte ist unnatürlich. In dieser Illusion lässt sich die Welt in Schwarz und Weiß einteilen.

Für Bryant ist Natürlichkeit keine relevante Kategorie. »Es gibt viele unnatürliche Dinge, die gut sind, wie moderne Medizin. Und viele natürliche Dinge, die sehr schlecht sind, wie Erdbeben.« Mit anderen Worten: Nur, weil etwas so in der Natur vorkommt, macht es das noch lange nicht zu einer guten Sache. Kulturfleisch wird als nicht natürlich angesehen, da es nicht *direkt* von einem Tier kommt. Fleisch aus dem Schlachthaus wird hingegen als natürlich gesehen, weil es an einem Tier gewachsen ist. Doch ist es deswegen besser? Das Fleisch, das unsere Natur zerstört?

Die Hühner, die wir essen, lebten einst in Südostasien auf Bäumen im Dschungel. Sie wurden eingefangen und für uns durch Zucht entstellt. Heute können viele Masthühner kaum noch ihr eigenes Gewicht tragen – so sehr hat der Mensch in diese Tiere eingegriffen. Fleisch zu liefern ist ihre einzige Aufgabe. Auch wenn die Tiere dieses Fleisch kaum mehr selber tragen können. Was sich verrückt anhört, kann jetzt in der Menschheitsgeschichte möglich werden: Wir können das Schlachthaus aus dem Fleisch bekommen. Überzüchtete Tiere und krasse Folgen für die Umwelt wären dann Vergangenheit. Fleisch ohne Tierleid wird möglich – dank moderner Technologie. Doch nur dann, wenn wir die Innovation annehmen. Chris Bryant ist sich der Schwierigkeit seiner Forschung bewusst. »Wir sind auf Menschen angewiesen, die ihr zukünftiges Verhalten vorhersagen. Darin sind sie in der Regel nicht besonders gut.« Menschen reagieren auf neue Ideen nicht immer wohlwollend. Bryant sagt: »Wenn wir hundert Jahre in der Zeit zurückreisen könnten, um die Menschen zu fragen: Würden Sie in einer von brennendem Öl angetriebenen Metallbox reisen? Die Antwort wäre wahrscheinlich: Um Gottes willen, nein! Aber heute sitzen wir ziemlich zufrieden in Autos und fahren durch die Gegend.«

Der Weg zur Normalität ist kein einfacher. Doch je mehr Menschen eine neue Idee akzeptieren, desto offener sind auch die anderen, die sich unsicher sind. Das zeigt sich auch bei Kulturfleisch. Chris Bryant verweist auf Umfragen. »Menschen sind offener, Clean Meat zu probieren, wenn ihnen gesagt wurde, dass ein hoher Prozentsatz der Bevölkerung das auch tun würde.« Menschliches Herdenverhalten, was sich auch bei dem heutigen Fleischkonsum beobachten lässt. Der Autor und Aktivist Tobias Leenaert sagt: »Die meisten Menschen essen Fleisch, weil die meisten Menschen Fleisch essen.«[51] Ein moralisches Perpetuum mobile: Aktive Entscheidungen werden kaum getroffen, sondern wir orientieren uns an dem Verhalten anderer.

Was sagen die Studien zu Clean Meat? Wollen die Menschen es essen? Umfragen zeigen große Unterschiede auf: Die pessimistischsten Umfragen gehen davon aus, dass eine von fünf Personen das neue Fleisch essen würde. Die optimistischsten zeigen, dass ein Drittel es essen würde. Das sind große Schwankungen[52].

Laut Bryant gibt es diverse Übereinstimmungen der verschiedenen Studien: Jüngere Menschen sind wesentlich offener für das neue Fleisch. Konservative weniger offen als Menschen, die sich politisch links einordnen. Männer sind deutlich offener als Frauen. Die Einteilung nach Gender macht hier auch Sinn, da Männer im Durchschnitt deutlich mehr Fleisch konsumieren als Frauen. Studien aus den USA, Finnland und dem Baltikum zeigen, dass Männer um die 50 % mehr Fleisch essen[53]. Zwar bleibt zu hoffen, dass Männlichkeit zukünftig nicht über ein totes Tier auf dem Teller definiert wird, aber die Geschichte hat leider gezeigt: Männer sind wenig einsichtig.

Dass Männer offener dem Thema gegenüber sind, könnte überraschen, da doch gerade Frauen offen für Tierschutz sind und sich wesentlich häufiger vegetarisch oder vegan ernähren. Doch gerade Menschen, die kein Fleisch essen, zeigen kein großes Interesse an dem neuen Fleisch. Vegetarisch und vegan lebende Menschen scheinen recht zufrieden zu sein ohne Clean Meat. Viel mehr Interesse an dem neuen Fleisch haben diejenigen, die viel Fleisch essen. Bryant nennt sie »heavy meat eaters«, Vielfleischesser.

Die Studien zeigen, dass ethische Gründe für das neue Fleisch weniger relevant sind. Auch die Umwelt ist nicht das entscheidende Argument. Am wichtigsten scheinen für die Menschen gesundheitliche Vorteile zu sein. Langfristig kann das neue Fleisch gesünder sein, wenn beispielsweise gesündere Fette wie Omega-3 eingesetzt werden. Doch ist noch unklar, ob die ersten Produkte bereits gesünder sein werden oder lediglich genauso ungesund oder gesund wie herkömmliches Fleisch.

Die Studienlage in Deutschland ist etwas dünner. Aber auch hier lassen sich bereits Schlüsse ziehen. Verschiedene Umfragen zeigen, dass es ein erstes, vorsichtiges Interesse gibt. Laut einer Civey-Umfrage von 2019 unter 5.000 Beteiligten sagten 18 %, sie würden Clean Meat auf jeden Fall essen oder eher essen. 8 % sind unentschieden, und die Mehrheit sagt, sie würde das Fleisch auf keinen Fall oder eher nicht essen[54].

Auch eine Studie der Bundesvereinigung der Deutschen Ernährungsindustrie (BVE) kommt zu einem sehr ähnlichen Ergebnis: 21 % sagen, sie können sich Clean Meat in zehn Jahren regelmäßig auf dem Teller vorstellen[55].

Laut einer Forsa-Umfrage für das Bundesministerium für Ernährung und Landwirtschaft (BMEL) sagten 17 %, sie würden das Fleisch kaufen. Auch hier zeigt sich der Trend: Je älter die Menschen, desto geringer ist das Interesse an solchen Produkten, und je jünger, desto offener sind sie. Für die Gruppe der 14- bis 29-Jährigen sagten 32 %, sie würden Clean Meat im Supermarkt kaufen. Zudem sind Männer offener (25 %) als Frauen (10 %)[56].

Die drei Studien gehen von 17 % bis 21 % aus, die das Fleisch regelmäßig essen oder zumindest probieren werden. Die drei Studien kommen auf sehr ähnliche Ergebnisse, was die Aussagekraft aller drei Umfragen bekräftigt. Durchschnittlich 19 %, die offen für das neue Fleisch sind, ist kein hoher Wert. Im Überblick der Studien, die international durchgeführt wurden, liegen diese Zahlen deutlich weit hinten. Doch knapp

20 % ist ein guter Start. Das sind 15 Millionen Menschen in Deutschland, die das Fleisch gerne probieren wollen. Die Markteinführung wird sehr wahrscheinlich mit kleinen Margen beginnen. Dafür ist die Größe der Zielgruppe mehr als ausreichend. Vermutlich wird es schwieriger sein, das neue Fleisch zu kaufen, als dass es für die Firmen Probleme geben wird, das Fleisch loszuwerden.

Zusammenfassend lässt sich sagen, dass die Studien gute Nachrichten für das neue Fleisch sind: Die junge Generation, die in Zukunft die Entscheidungen treffen wird, ist am offensten für das Thema. Und diejenigen, die momentan am meisten Fleisch konsumieren, interessieren sich am ehesten dafür.

Hinzu kommt: Je mehr wir über das neue Fleisch wissen, desto eher sind wir bereit, es zu probieren. Vertrautheit erhöht die Offenheit. Chris Bryant sagt: »Aktuell haben mehr als die Hälfte der Menschen davon noch gar nicht gehört. Es ist also sehr wahrscheinlich, dass die Akzeptanz mit der Zeit wachsen wird.«

Skepsis bei Innovationen ist der Normalfall. So zeigt eine Studie aus den USA, dass 70 % Angst vor selbstfahrenden Autos haben[57]. Eine Sorge, die irrational ist, da Menschen am Steuer viel gefährlicher sind. Die Ablehnung der 70 % bedeutet keineswegs, dass sich die Technologie nicht durchsetzen wird.

Wie könnte die Einführung von Clean Meat aussehen? »Am Anfang wird es sicherlich teurer als konventionelles Fleisch sein«, sagt Bryant. »Die Wenigsten sind bereit, mehr Geld dafür auszugeben. Deswegen

müsste sich die Strategie am Anfang an denen aus-
richten, die am offensten dafür sind.« Das sind die
sogenannten Early Adopters. Darunter versteht die
Marketingsprache eine Zielgruppe, die sich früh für
Innovationen begeistern lässt. Menschen, die sich ein
Smartphone kauften, bevor es im Mainstream angekommen war, und auch bereit waren, dafür kleine
Hürden zu nehmen. Im Allgemeinen sind das jüngere
Erwachsene in Großstädten. Den Studien zufolge sieht
so die ideale Zielgruppe für das neue Fleisch aus: jung,
männlich, politisch, eher links einzuordnen und mit
einer Vorliebe für Fleischgerichte.

Die meisten Firmen denken im ersten Schritt an
eine Vermarktung über Restaurants. Das hat praktische Gründe: Zu Beginn wird es schwierig sein, so
große Mengen zu produzieren, wie es Supermärkte
verlangen. Zudem ist so der Kontakt zu den Kundinnen und Kunden direkter. Aus den ersten Erfahrungen
kann gelernt werden, Rezepturen angepasst werden.
Die Firmen können so sichergehen, dass der erste Kontakt mit dem Produkt in bester Qualität stattfindet.
Das Fleisch ist in professionellen Händen und wird
nicht zuhause verbrannt serviert.

Auch Hanni Rützler rät Lebensmittel-Start-ups davon ab, gleich in die Supermärkte zu gehen. »Wenn sie
das über die Gastronomie machen, haben sie viel mehr
Möglichkeiten zu lernen, auszuprobieren und mitzu-
wachsen.« Zudem fallen die enormen Werbebudgets
weg, die benötigt werden, um überhaupt im Super-

markt wahrgenommen zu werden.

Es ist denkbar, dass das neue Fleisch zu Beginn ein enorm rares Lebensmittel sein wird. Vielleicht gibt es ein, zwei Restaurants in Deutschland mit dem Gericht auf der Karte. Der Besuch dieser Restaurants wäre natürlich nur mit Reservierung möglich. Es wird teuer sein. Und vielleicht werden Fußballspieler nicht mit einem vergoldeten Steak auf Instagram angeben, sondern mit Clean Meat. Dekadent? Vielleicht, aber viel besser für den Planeten und die Tiere. Mit bekannten Persönlichkeiten, die sich um das Fleisch reißen, braucht es auch keine teuren Werbekampagnen.

Langfristig wird das neue Fleisch günstiger werden und für alle bezahlbar. Das ist zumindest das Ziel der Firmen: Es soll das Billigfleisch aus der Massentierhaltung verdrängen. Wichtig ist: Die Produkte müssen überzeugen. Ein Stück Fleisch, das zwar anders hergestellt wurde, kein Tier sterben musste und viel besser für die Umwelt ist, aber einfach nicht schmeckt, wird keine Chance haben. Lebensmittel überzeugen nicht wegen ihres ökologischen Fußabdruckes – es geht um den Geschmack.

So lange wie es die Forschung an dem neuen Fleisch gibt, so lange wird schon über den Namen diskutiert. Der erste Begriff, der zum Einsatz kam, war In-vitro-Fleisch, von lateinisch »im Glas«. Er beschreibt die Herstellung von Fleisch außerhalb eines lebenden Organismus. Eine sehr technische Bezeichnung, die aber kompliziert klingt und sich für ein Lebensmittel nicht durchsetzen wird. Später kam der Name »cultured meat« auf, der auf die Kultivierung von Zellen hinweisen soll. Die deutsche Übersetzung kultiviertes Fleisch hört sich eher nach Fleisch mit gutem Benehmen an. Auch der im Deutschen verbreitete Begriff Kulturfleisch geht nicht ganz auf. Denken wir bei Kultur doch eher an ein Theaterstück als an eine Zellkultur.

Die amerikanische Organisation The Good Food Institute machte Untersuchungen, welche Begriffe sich am besten für die Konsumentinnen und Konsumenten anhören[58]. Der Begriff Clean Meat schnitt am besten ab, lässt sich aber sehr schwer ins Deutsche übersetzen. Sauberes Fleisch? Mark Post lehnt den Begriff ab. Im Niederländischen höre sich der Begriff nach Seife an, was auch für die deutsche Übersetzung zutrifft. Der Begriff ist eine Anlehnung an »clean energy«. Aber im Deutschen spricht man eher von erneuerbaren Energien oder grüner Energie und nicht von sauberer Energie. Im englischsprachigen Raum fand der Begriff verbreitete Verwendung. Bis es in den USA zu Verhandlungen zwischen Clean-Meat-Firmen und amerikanischen Behörden kam. Als dann auch die Fleischindustrie mit am Tisch saß, hörte sich der Begriff Clean Meat zu sehr nach einer Unterstellung an, das herkömmliche Fleisch sei nicht sauber, vielleicht sogar dreckig. Um einen Konflikt mit den Fleischfirmen zu vermeiden, etablierte sich für die Verhandlungen der sachliche Begriff »cell-based meat«, also zellbasiertes Fleisch. Zwar besteht das Fleisch von geschlachteten Tieren auch aus Zellen, aber sie spielen in der Herstellung eine weniger zentrale Rolle. Die Tiere werden gezüchtet und gemästet, das Zellwachstum passiert von alleine. Die Frage, unter welchem Namen das erste Stück des neuen Fleisches in Deutschland verkauft wird, ist noch offen.

Für dieses Buch habe ich mich mehrheitlich für den Begriff des neuen Fleisches entschieden. Er beschreibt eine Tatsache, macht das Fleisch aber weder schlechter noch besser. Bei der Wahl zwischen Kultur-, Kunstfleisch oder Clean Meat war mir klar: Keiner der Namen gefällt mir.

»Es ist schon beeindruckend«, sagt Hanni Rützler, »wie schnell wir vergessen, dass die enormen Fleischmengen eine relativ junge Entwicklung sind.« Der Mensch mag vielleicht schon länger Fleisch gegessen haben, als es ihn gibt, aber es war nicht immer so, dass Fleisch massenhaft zu billigen Preisen zur Verfügung stand. Historisch betrachtet ist die industrielle Tierhaltung eine jüngere Entwicklung in der Menschheitsgeschichte. Und auch wenn wir so schnell nicht vom Fleisch loskommen sollten: Ob die Massentierhaltung in der Zukunft einen Platz hat, wird sich zeigen. Das neue Fleisch stellt die industrielle Tierhaltung infrage. Nicht mit Argumenten, sondern durch eine bessere Alternative. Dem Fleisch würden wir also tatsächlich nicht entkommen.

KAPITEL 10

Der unmögliche Burger aus Pflanzen

Grünkernbratling war gestern. Pflanzliche Fleischalternativen werden beliebter und lassen sich immer schwerer von Tierfleisch unterscheiden. Braucht es das neue Fleisch dann überhaupt noch? Werden sich die pflanzlichen Alternativen ohnehin durchsetzen?

Ich behauptete immer von mir, dass ich kein großer Fan von Burgern bin. Ja, sie schmecken ganz gut, aber es ist nichts, was mir kulinarisch wichtig wäre. Als ich an einem schönen Augusttag durch Berlin lief, musste ich bemerken, dass das gelogen war. Ich kam an einem minzgrünen Plakat mit Schrift in gelben Buchstaben und einem Bild von einem saftigen Cheeseburger vorbei. Nicht irgendein Cheeseburger, es war der »Impossible Burger«. *Die* Innovation aus den USA, was pflanzliches Fleisch angeht.

Woher ich wusste, dass es sich um genau diesen Burger handelte? Oben im Brötchen steckte dieses kleine weiße Cocktailfähnchen am Zahnstocher mit dem Wort Impossible, dem Markenzeichen der Firma.

Auch wenn ich mich gerade an einem Donut-Ice-Cream-Sandwich satt gegessen hatte, verlangte mein Körper jetzt, in diesen Burgerladen zu gehen und diesen Impossible Burger zu essen.

Es war der Burger, aber auch einfach die Tatsache, dass es die Produkte von Impossible in Deutschland eigentlich noch nicht gibt. Ich wusste schon, dass er schmeckt. Ich hatte ihn in den USA einmal probiert.

Verwirrt, dass es den Burger jetzt auch in Deutschland gab, quälte ich mich durch die Hölle einer Berliner Mall. Ich fand den besagten Laden, musste aber feststellen, dass der Burger zwar beworben, aber gar nicht verkauft wurde. Neben dem Impossoible Burger auf dem Menü stand der traurige Vermerk: Coming soon!

Am Telefon versicherte mir jemand von dem Fast-Food-Laden, dass es den Impossible Burger bald geben werde. »Er wurde uns früher versprochen«, sagte mir die Stimme am anderen Ende. Ich fragte nach dem Vertriebspartner in Deutschland, also wer die Produkte aus den USA nach Deutschland importiert und verkauft. Doch die Auskunft wollten sie mir nicht geben.

Ich fragte direkt bei Impossible Foods in den USA nach. Die wussten gar nichts von einem Verkauf ihrer Produkte in Deutschland. Sie mailten: »Wir wollen den Impossible Burger überall auf den Markt bringen, aber Deutschland ist aktuell kein Ziel.« Mit anderen Worten: kein »Coming soon«, wie von dem Burgerladen in Berlin versprochen.

Impossible Foods sagte, dass sie ihre Produkte nicht nach Europa liefern. Wie es möglich wäre, den Burger in Berlin zu verkaufen, wüssten sie nicht. Die einzige Mutmaßung: Das Personal des Fast-Food-Ladens könnte in die USA, Singapur oder nach Hong Kong geflogen sein, wo die Produkte vertrieben werden, sie dort gekauft und so nach Deutschland gebracht haben. Ob das Einführen des Burgers legal wäre, ist unklar. Zumindest das Einführen von Fleisch sei nicht erlaubt, wurde mir am Telefon erklärt.

Die Firma Impossible Foods wurde 2011 von dem Wissenschaftler Pat Brown gegründet, der schon als aussichtsreicher Kandidat des Chemie-Nobelpreises für seine Arbeit an der Untersuchung und Messung der DNA galt[59]. Brown arbeitete als Biochemiker an der Stanford University in Kalifornien. Als erstes Anzeichen für seinen Idealismus könnte heute die Mitgründung der Public Library of Science gesehen werden, einer Bibliothek, die kostenfrei wissenschaftliche Publikationen veröffentlicht. 2009 machte er eine Auszeit und entschied, seine Karriere in eine andere Richtung zu lenken. Er kehrte nicht an die Universität zurück, sondern wollte sich dem drängenden Thema der Klimakrise widmen, und zwar, indem er bessere Fleischprodukte entwickelt.

Seine Herangehensweise als Biochemiker: Er schaute sich an, woraus Fleisch besteht. Was sind die entscheidenden Faktoren, die es braucht, um genau dieses Geschmackserlebnis zu bringen? Und wie kann dies mit Pflanzen imitiert werden? Heraus kam der Impossible Burger. Als entscheidende Zutat für den fleischähnlichen Geschmack gilt das Hämoprotein, ein eisenhaltiges Molekül, das in jedem lebenden Organismus zu finden ist. Die Firma Impossible gewinnt es durch Gentechnik und Fermentation. Das Unternehmen schreibt, der Burger »verbraucht 96 % weniger Fläche, 87 % weniger Wasser und 89 % weniger Treibhausgasemissionen als konventionelles Fleisch von Rindern«[60].

Anders als den Impossible Burger gibt es den Burger der Firma Beyond Meat bereits in Deutschland. Er kommt ebenfalls aus Kalifornien und wurde erstmals im Lidl angeboten, wo er in vielen Filialen schon vor mittags ausverkauft war.

Wer in veganen Fast-Food-Läden in Berlin den Beyond-Burger auswählt, muss mehr als für die anderen Bratlinge zahlen. Kostet ein veganer Hamburger bei Vincent Vegan sieben Euro, kostet er in der Beyond-Variante 11 Euro.

Beyond und Impossible haben gemeinsam, dass sie den veganen Burgern ein neues Image verpasst haben. Weg vom Grünkernbratling, das Ziel ist Fleischgeschmack ohne Fleisch.

Besonders selbstbewusst präsentierte Burger King in Schweden die fleischfreien Bratlinge in einem »50/50-Menü«. Kundinnen und Kunden wissen nicht, ob ihr servierter Whopper aus Fleisch oder aus Soja besteht. Per Smartphone konnte man nach dem Probieren raten und das Ergebnis erfahren. 60 % lagen dabei richtig, 40 % nicht[61]. Fleisch als tierisches Produkt zu erkennen wird demnach schwieriger.

In Deutschland macht vor allem der Fleischkonzern Rügenwalder Mühle mit den vegetarischen Wurstprodukten von sich reden. Der Chef sagte in einem Interview: »Die Wurst wird die Zigarette der Zukunft.«[62] Mit anderen Worten, es sieht nicht gut aus für die Wurst.

In einem Werbevideo der Firma fliegen Einkaufszettel wie ein Schwarm Vögel in einem Naturfilm durch die Luft. Die Stimme aus dem Off sagt: »Uns hat der Einkaufszettel verändert. Nachhaltig. Er hat uns auf einen Weg geschickt, der aus uns ein anderes Unternehmen macht. Er hat unser Navigationssystem umprogrammiert und uns zu einem lernenden Unternehmen gemacht. Weil immer mehr Menschen immer weniger Fleisch auf ihrem Einkaufszettel haben, geben wir diesen Menschen immer mehr vegetarische und vegane Produkte.« Das Video endet mit den Worten: »Mach weiter so, Einkaufszettel. Wir machen es auch.«[63]

Die Rügenwalder Mühle setzt nicht nur auf den Einkaufszettel der Konsumentinnen und Konsumenten. Sie setzte sich und ihrem vegetarischen Segment eine klare Zielvorgabe. 2018 kündigte das Unternehmen an, in den nächsten zwei Jahren 40 % des Sortiments fleischfrei zu gestalten[64]. Und es ist bereit, Opfer für seine vegetarischen Produkte zu bringen: So stellte die Firma ihre Currywurst ein, um sich stärker auf die Fleischalternativen zu fokussieren[65]. Das niedersächsische Unternehmen macht bereits mit den fleischfreien Produkten ein Drittel des Gesamtumsatzes[66].

Wenn sich der Trend so fortführt, braucht es dann überhaupt noch Clean Meat? Reicht pflanzliches Fleisch nicht aus?

Clean Meat sei überflüssig, sagen die einen, da die pflanzlichen Alternativen immer besser werden. Zudem brauche es nicht die Investitionen mit ungewissem Ausgang in Kulturfleisch, wenn es doch schon heute Fleischalternativen gibt, die dem ursprünglichen Original zum Verwechseln ähnlich sind. Die anderen entgegnen, dass Menschen *richtiges* Fleisch wollen und deswegen Pflanzenfleisch nicht ausreichend sei. Nur Clean Meat könne das echte Fleisch ersetzen.

Zwar gibt es Tofu schon sehr lange, aber wissenschaftliche Herangehensweisen wie die von Pat Brown von Impossible Foods sieht man erst in den letzten Jahren. Nicht viel älter als Kulturfleisch. Die Innovationsgeschwindigkeit ist enorm. Impossible Meat wurde

2011 gegründet, zwei Jahre vor der Präsentation des ersten Clean-Meat-Burgers in London. Kulturfleisch gibt es noch nicht zu kaufen, die Produkte von Impossible hingegen schon. Wenn Clean Meat noch weitere zehn Jahre braucht und es dann erst Hybridprodukte (aus Kulturfleisch und pflanzlichem Fleisch) zu kaufen gibt, wird auch das pflanzliche Fleisch sich weiterentwickelt und verbessert haben, also noch ähnlicher sein. Die Frage scheint auf der Hand zu liegen: Braucht es bis dahin wirklich noch das neue Fleisch?

Der niederländische Forscher Mark Post hält es zumindest für möglich, dass Kulturfleisch in Zukunft überflüssig wird. »Ich kann mir vorstellen, dass wir als Gesellschaft mit pflanzlichen Alternativen zufrieden sein werden.« Für ihn ist denkbar, dass es in 50 Jahren keinen Bedarf an Kulturfleischfirmen geben wird – seiner eigenen eingeschlossen. Aber er stellt klar, dass es trotzdem eine Erfolgsgeschichte werden kann. »Wie lang gibt es Google? Nicht länger als 25 Jahre«, sagt er. »Wenn ich heute mit Menschen spreche, die 20 Jahre alt sind, kann ich mir gut vorstellen, dass wir uns in 30 Jahren alle pflanzlich ernähren und sich niemand mehr für Fleisch interessiert.« Ziel seiner Firma sei es in dieser Übergangsphase, alle negativen Folgen der Tierhaltung zu beseitigen.

Dass vegetarische Menschen Kulturfleisch essen, sei das Gegenteil dessen, was er anstrebt, sagt Mark Post in dem Dokumentarfilm »The End of Meat«. Kulturfleisch würde die Klimabilanz derer, die kein Fleisch essen, nur schlechter machen.

Einen Vorteil hat das pflanzliche Fleisch schon jetzt: Es wird immer ökologischer sein als Clean Meat. Nichts könne so effizient sein wie Pflanzen, erläutert der israelische Wissenschaftler Tom Ben-Arye, der an Clean Meat forschte. »Du kannst nicht mit Pflanzen konkurrieren«, sagt er. »Weder im Preis noch was die Umweltbilanz angeht. Es ist unmöglich: Du legst einen Samen in den Boden, und es beginnt von alleine zu wachsen. Es ist das perfekte System.«

Eine ganz neue Spielart der Fleischprodukte brachte der amerikanische Konzern Perdue auf den Markt: Chicken Plus. Das ist tierisches Hühnerfleisch gemischt mit pflanzlichem Eiweiß, Blumenkohl und Kichererbsen. Es ging der Firma nicht um eine Mogelpackung, also darum, Fleisch mit anderen Zutaten zu strecken, sondern das Gemüse im Fleisch war das Verkaufsargument.

Beworben wurde das Produkt mit folgenden Worten auf der Webseite: »Pflanzliche Lebensmittel sind einer der heißesten Trends im Supermarkt, aber Eltern haben immer noch damit zu kämpfen, dass ihre Kinder das Gemüse nicht essen.« Das Produkt richtet sich gezielt an flexitarische Familien, die »hungrig nach neuen Möglichkeiten sind, ohne den Geschmack aufgeben zu wollen«[67]. Wenn die Kinder kein Gemüse essen, dann einfach in den Chicken Nuggets verstecken?

Zumindest haben viele Fleischfirmen den Anspruch, den Fleischanteil in ihren Produkten zu reduzieren und Fleisch eine offenere Bedeutung zu geben.

Wie sehr die Frage des Fleischkonsums an der Identität kratzt, zeigen die Werbesolgans einer anderen amerikanischen Fleischfirma, die ebenfalls ein Mischprodukt auf den Markt gebracht hat. Tyson Foods bewirbt einen Burgerbratling, bestehend aus Angus Beef und Pflanzen, mit dem Spruch: »Verändere nicht, wer du bist, um zu verbessern, wie du isst.« Es scheint um die Angst zu gehen, eine andere Person zu werden, wenn nicht Fleisch, sondern Pflanzen im Bratling verwendet werden. Vielleicht helfen gerade diese Mischprodukte, das Bild von Pflanzenfleisch zu ändern.

Nach der klaren Ansage von Impossible Foods versuche ich noch mehrfach von der Berliner Fast-Food-Bude Antworten auf meine Fragen zu bekommen: Wann wird es den Impossible Burger geben? Wie kauft ihr ihn ein? Gab es eine Rücksprache mit dem Unternehmen? Aber am Telefon werde ich vertröstet, die Person, die mir diese Fragen beantworten könnte, sei gerade nicht da. Auch meine Rückrufbitte war vergebens. Der Impossible Burger wird weiterhin beworben. Als ein paar Wochen später in einem zweiten Einkaufszentrum am Berliner Alexanderplatz eine weitere Filiale aufgemacht wird, tauchen erneut die minzgrünen Plakate mit dem Impossible-Fähnchen auf. Und auch hier gibt es den Burger nicht zu kaufen. Er ist weiterhin auf dem Menü mit dem Hinweis »Coming soon« gelistet. Dabei weiß ich längst, den Burger in Deutschland zu essen ist unmöglich. Den Impossible Burger gibt es in Deutschland vorerst nur als leeres Versprechen auf Plakaten.

KAPITEL 11

»Der Mensch lebt nicht vom Gemüse allein!«

Laura Gertenbach mag Fleisch – besonders, wenn sie beim Zerlegen des Tieres selber dabei war. Neben ihrer Fleischmanufaktur will sie jetzt auch Clean Meat herstellen. Sie ist Gründerin des ersten Start-ups für neues Fleisch in Deutschland.

Manche Dinge passen nicht zusammen. E-Mails schreiben und gleichzeitig ein Rind zerlegen, zum Beispiel. Als ich Laura Gertenbach nach unserem ersten Telefonat per Mail noch eine Frage hinterherschickte, antwortete sie: »Wir sind gerade beim Rindzerlegen. Ich melde mich.« Das Rinderzerlegen macht sie für Workshops ihrer Fleischmanufaktur, die über einen Laden und Onlineshop Fleisch verkauft. Nebenbei hat sie das erste Start-up für neues Fleisch in Deutschland gegründet. Firmenname: Innocent Meat, also das unschuldige Fleisch. Passt *das* zusammen? Ja, meint Gertenbach. Doch der Reihe nach.

Per Mail machen wir die Uhrzeit und den Treffpunkt in Rostock aus. Wir treffen uns in einer Bäckerei am Bahnhof. Die vielen Sitzplätze sind fast komplett belegt. Touristen des Kreuzfahrtschiffs Aida belagern mit ihren großen Rollkoffern das Geschäft. Laura Gertenbach ist Mitte dreißig, blond und trägt eine Brille. Ihr ist noch ein wichtiger Termin dazwischengekommen, und sie musste unser Treffen etwas nach hinten verschieben. Schon vor dem Gespräch machte sie klar, worüber sie nicht sprechen möchte. Das war vor allem das Investment.

Von sich selbst sagt Gertenbach, sie habe keine Angst vor unbekannten Größen. Die unbekannte Größe ist heute das Start-up in einer völlig neuen Branche. Niemand weiß, ob Kulturfleisch mehr als eine wilde Idee ist. Damals war die unbekannte Größe die fremde Stadt im Ausland. Nach dem Abi wollte sie nach Spanien, die Sprache lernen. Sie fuhr einfach los und blieb dort die nächsten sechs Jahre. Sie landete in Barcelona, wo es ihr gefiel. Sie hatte noch kein Zimmer in der Stadt, die Sprache noch nicht gelernt. Sie machte erst ein Au-pair, studierte dann BWL und Informatik und arbeitete schließlich bei einem Logistikunternehmen, bevor sie zurück nach Mecklenburg kam, um die Fleischmanufaktur zu gründen, die an den landwirtschaftlichen Familienbetrieb angegliedert ist.

Ihr Zugang zu dem Thema Fleisch ist direkter als von den meisten Menschen, die Rinder und Schweine nur als verarbeitetes Produkt hinter der Wursttheke kennen. Fleisch bedeutet für Laura Gertenbach Genuss. Es ist aber auch ein Luxusprodukt, das sie gerne hat. Sie betont: »Kein Lebensmittel, um mich satt zu essen. Am liebsten esse ich Fleisch, was wir selber geschossen, geschlachtet und zerlegt haben.« Der Mensch lebt nicht vom Gemüse allein. Das ist das Motto ihrer Fleischmanufaktur.

»Ich kaufe die Tiere von befreundeten Landwirten«, sagt Gertenbach. »Die Tiere müssen in Freilandhaltung leben«, erklärt sie. »Sonst darf ich sie nicht auf der Weide schießen.« Das ist ihre Voraussetzung. So bleibt den Tieren der Transport zum Schlachthaus erspart. Nach dem Tod auf der Weide wird das Tier dann zum Schlachter geliefert.

Sie gibt auch Zerlegeseminare und zeigt Interessierten, wie aus dem Tier das Fleisch wird, dass sie essen. Sie kennt die Zuschnitte, braucht aber – das betont sie – die Anleitung ihres Onkels. Sie steckt dann mit beiden Händen in dem Tier. »Es ist harte

Arbeit«, sagt sie. »Das würde ich alleine nicht schaffen. Da brauchst du die Körperstatur eines Schlachters.« Spannend findet sie dabei, dass dafür sowohl Kenntnisse über die Zubereitung von Fleisch benötigt werden als auch von der Anatomie des Tieres. »Bei den Seminaren gibt es immer ein paar, die empfinden Ekel, aber essen Fleisch«, sagt Gertenbach. Sie hofft, dass durch die Seminare klar wird, dass das ein Lebewesen war, mit dem wir sehr sorgfältig umgehen müssen. »Da wird sichtbar, dass ein Rind nicht nur aus Steaks besteht. Ein Tier«, sagt sie, »kannst du nicht pflücken wie einen Apfel.«

Doch seit ungefähr zweieinhalb Jahren beschäftigt sich Laura Gertenbach nicht nur mit regionalem Premiumfleisch, sondern auch mit der Herstellung von Kulturfleisch. Wie kam sie zu der Idee? Der enge Kundenkontakt hat es ermöglicht. Ein unzufriedener Kunde war zu ihr mit der Meinung gekommen, das Fleisch sei nicht marmoriert genug.

Gertenbach erklärt, um die Marmorierung hinzubekommen, stehen die Tiere oft tagelang im Stall und bekommen Mais zu essen. Nicht die beste Kost für eine Kuh. »Ein Rind rennt nicht unbedingt ins Feld, um Mais zu klauen«, sagt Laura Gertenbach. Auch die Rasse der Kühe spielt eine Rolle. Sie weiß, die Erwartung an die Fleischherstellung ist hoch. »Der Mensch wünscht sich Sonnenschein und Idylle. Kundinnen und Kunden in Deutschland wollen sichere, hochqualitative Lebensmittel und diese am liebsten für nur einen Cent.«

Als der unzufriedene Kunde vor ihr stand, dachte sie: »Mein Gott, das ist halt Freiland!« Und dann dachte sie: »Das wäre doch optimal, wenn ich Fleisch nach Kundenwunsch herstellen könnte!« Keine Fettklumpen, sondern feine Fetteinschlüsse, die beim Braten in der Pfanne schmelzen und dafür sorgen, dass das Fleisch schön saftig bleibt. So, wie es alle wollen.

Ist ihr bisheriger Weg der Freilandhaltung und Weidetötung kein gutes Zukunftsmodell? Das stieße an seine Grenzen, meint Gertenbach. »Die Flächen dafür haben wir nicht. Wir müssen etwas verändern, das ist Fakt. Clean Meat ist eine bessere Alternative, um in Zukunft industriell Fleisch herzustellen.« Gerade aus globaler Perspektive wird das deutlich: Die wachsende Weltbevölkerung und eine steigende Nachfrage an Fleisch aus Asien werden den Trend verschärfen. »Deutschland ist einer der Hauptexporteure von Fleisch nach Asien«, sagt Gertenbach. »Wir wissen, das kann auf Dauer nicht funktionieren.«

Für Gertenbach war eine Innovation aus der Landwirtschaft dringend nötig. Sie fragte sich: »Warum sollen das denn andere machen? Es ist immer besser, wenn man selber mitspielt.« Ihr gefiel der Gedanke, bei der Herstellung des neuen Fleisches mitzumischen, stellte ihn jedoch vorerst hinten an. Erst als sie auf einer Messe ihren Mitgründer aus der Fleischbranche kennenlernte, wurde es konkret. Er wollte auf pflanzliches Fleisch setzen, aber Gertenbach hielt dagegen. »Nein, wenn wir nachhaltig etwas verändern wollen, dann müssen wir die Fleischesser ansprechen. Und das kannst du nur mit Clean Meat.« Denn Clean Meat ist für sie Fleisch.

Sie bewarben sich bei einem Ideenwettbewerb der Universität Rostock. Bei der Preisverleihung sollte sie ihre Idee vorstellen. Da sie noch einen technischen Mitgründer suchte, nutzte sie die Plattform, um vor dem Publikum zu sagen: »Wer auch Bock auf das Projekt hat, bitte einfach bei mir melden«, was dann auch geschah. »Mein Mitgründer kommt aus der Zelltherapie«, sagt Gertenbach. Den Ideenwettbewerb an dem Abend hatten sie verloren, doch einen weiteren Mitgründer gewonnen.

Rückblickend sagt Laura Gertenbach: »Meine Absicht war es, Kontakt zu der Uni zu bekommen – und das hat auch geklappt.« Der Kontakt zum Leibniz-Institut der Universität Rostock besteht bis heute und ist für das Start-up ein wichtiger Kontakt. »Clean Meat muss man als interdisziplinäres Feld betrachten«, sagt sie. »Und mit der Arbeit vom Leibniz-Institut können wir auf jeden Fall was anfangen.« Beispielsweise, um an die Zellproben für das Fleisch zu kommen. Schlachten ist die eine Möglichkeit oder per Biopsie am lebenden Tier – da kann das Institut hilfreich sein. »Wir müssen nicht alles wissen«, sagt Gertenbach, »aber durch einen guten Kontakt kommen« mehrere kluge Köpfe zusammen. Ich finde es gut, die Institute und Unternehmen aus der Umgebung miteinzubeziehen. Am Ende können alle davon profitieren.«

Silicon Valley oder Berlin jucken sie nicht. Sie hat ja Rostock. Berlin macht Software, sagt sie. Und Mecklenburg macht Landwirtschaft. »Das ist es ja, was wir tun«, sagt Gertenbach. »Ich kann mir das nicht in einer Großstadt vorstellen.« Vor den großen Playern hat sie keine Angst. »Niemand hat den Markt gemietet, niemand hat eine Daseinsberechtigung für immer.« Auch die hohen Investmentsummen, die andere Firmen für ihre Forschung und Entwicklung bekommen haben, schrecken sie nicht ab. »Nur weil sie viel Geld haben, bedeutet das nicht, dass sie das auch drehen können. Das hat sich oft gezeigt.«

Sie erinnert sich an die Worte ihres Profs, der sie vor Familienunternehmen warnte. Wieso das denn? »Die sind klein, schnell und wendig – und haben kurze Entscheidungswege«, antwortete er. Das hat sie sich gemerkt. Gerade das Bodenständige sieht sie als Stärke. »Der Mecklenburger ist ein eher zurückhaltender Typ. Er plaudert nicht viel. Und wenn er dann mal was sagt, dann hat das Hand und Fuß.«

Bodenständig, aber offen genug für eine etwas verrückte Idee wie der des neuen Fleisches. Laura Gertenbach stimmt zu. »Ja, niemand weiß, wo die Reise so hingeht.« Ihre Vision ist, dass es in Zukunft zwei Arten geben wird, Fleisch herzustellen. Einmal das etwas teurere Manufakturfleisch, wie sie es heute schon herstellt, und dann industriell hergestelltes Fleisch. In diese Kategorie würde sie auch das Clean Meat rechnen, was sie zukünftig herstellen möchte. Sie denkt nicht, dass die großen Schlachthäuser so schnell verschwinden werden. »Ich werde mich hüten zu sagen, dass es die nicht mehr geben wird. Aber langfristig glaube ich an das große Potenzial von Clean Meat.« Sie vergleicht das mit der Einführung des Smartphones. Viele wussten am Anfang nichts damit anzufangen – bis sie es mal benutzt haben und dann verstanden, wie praktisch es ist. Genauso kann es den großen Playern ergehen. Nokia war lange Marktführer, sagt Gertenbach, und dann kam Apple und hat gesagt: »Hier, guck mal: Smartphone.« Niemand möchte das nächste Nokia sein. Die Fleischwirtschaft ist nervös, weiß nicht so recht, wie sie auf den neuen Trend der vegetarischen und veganen Produkte reagieren soll – und was es mit dem Kulturfleisch auf sich hat.

Meine Hoffnung, dass Massentierhaltung durch das neue Fleisch beendet wird, teilt Gertenbach nicht. Allein, weil sie den Begriff Massentierhaltung ablehnt. Das Wort ist zu abgedroschen für sie. »Ich sehe Kollegen mit 5.000 Rindern auf der Weide, denen es bestens geht. Und dann sehe ich Biobauern, die kommen mit fünf Tieren nicht klar.«

Die Zeit ist reif für das neue Fleisch, findet Laura Gertenbach. Anders als bei ihrem Manufakturfleisch sieht sie Innocent Meat nicht als Nische. Das ist nicht ihr Ziel. »Es soll kein Premiumprodukt sein. Da kann ich nicht so viel bewegen.« Dass ihre Produkte vielleicht irgendwann im Supermarkt liegen, aber nicht gekauft werden, weil es kein Interesse gibt, glaubt sie nicht. Sie sagt: »Die Greta-Thunberg-Generation ist bereit dafür.«

Doch noch ist viel zu tun. Sie sind zu dritt, haben gerade ihren Fahrplan aufgestellt. »Jetzt sind wir so weit, dass wir ins Labor möchten«, sagt Gertenbach. Dafür brauchen sie erst mal Geld. »Du kannst nicht einfach ins Labor gehen«, sagt Gertenbach. »Du brauchst Maschinen, Equipment, die extrem teuer sind. Wenn du eine Software-Bude bist, sieht das anders aus. Dann machst du den Quellcode und hast deinen Prototyp. Ein Investor aus der Softwareumgebung mit ganz anderen Erfahrungen tut sich mit uns ein bisschen schwer.«

Laura vergleicht die Suche nach Investoren mit der Suche nach einem Freund. Man lernt sich kennen, verbringt etwas Zeit miteinander. Tastet sich voran. »Wenn man erst mal verheiratet ist, dann ist es schwierig, die Scheidung einzureichen. Ich würde auch nicht mit einem Landwirt zusammenarbeiten, wenn die Chemie nicht stimmt«, sagt Laura Gertenbach. »Das haben wir schon versucht, das geht schief. Zwischenmenschlich muss es passen.«

100 Gramm Hackfleisch wollen sie als ersten Prototyp herstellen. Weil es eines der beliebtesten Produkte in Deutschland ist und vielseitig eingesetzt werden kann. Auch sie treibt die Frage eines jeden Start-ups an. »Wie könnten wir es besser machen – und vielleicht auch schneller?« Dafür schauen sie sich bestehende wissenschaftliche Ansätze an, um die besten Ideen für ihr Produkt zu kombinieren. So wollen sie das Risiko minimieren, dass etwas nicht funktioniert. Noch stehen sie am Anfang. Erst wenn sie das Geld zusammenhaben, können sie sich an die Arbeit machen, ihr Hack herzustellen.

Auch wenn sie die ersten in Deutschland sind, im weltweiten Vergleich sind sie eher spät dran. Aber Gertenbach macht das nicht nervös. »Die Start-ups auf dem Markt können nicht die Welt ernähren. Das ist genauso, wie du mehrere Schlachtereien brauchst.« Unruhig wird sie eher bei der Frage, welche Verkehrsbezeichnung das neue Fleisch in Deutschland bekommen wird. Wie werden es die Firmen nennen dürfen? Sie würde am liebsten einfach Fleisch sagen. Auch wenn sie befürchtet, dass der Name auf große Widerstände von der Fleischlobby stoßen wird. »Es ist exakt das gleiche Produkt, es wird nur anders hergestellt«, sagt Gertenbach. »Die Technologie hat sich weiterentwickelt.« Das erinnert an eine Anekdote, die mir über Willem van Eelen erzählt wurde. Als die Frage, wie das Fleisch genannt werden soll, auf einem Podium diskutiert wurde, stand der damals 88-jährige van Eelen genervt auf, betrat die Bühne, nahm das Mikrofon und sagte: »Habt ihr es immer noch nicht verstanden? Es ist einfach Fleisch.«

Auch wenn Fleisch kein geschützter Begriff ist, gibt es verschiedene Definitionen, die beschreiben, was Fleisch ist und was nicht. Unter anderem wird es auch als Teil eines geschlachteten Tieres definiert. Gertenbach fragt: »Muss ich dann das Tier erst töten, von dem ich die Zellen entnehme, um es Fleisch zu nennen?« Bei dem Namen ihres Start-ups, Innocent Meat, geht es ihr gerade darum. Sie sagt: »Es soll ausdrücken, dass die Möglichkeit besteht, dass das Tier weiterlebt.« Schuld, wie es der Name im eigentlichen

Wortlaut andeutet, spielt für sie weniger eine Rolle. Es geht ihr eher um die Idee, Fleisch zu essen und die Tiere am Leben zu lassen.

»Mir wird immer nachgesagt, dass ich sehr ausdauernd bin«, sagt Gertenbach. »Leidenschaft ist schön und gut, aber die verpufft schnell.« Und ihren Pragmatismus sieht sie als Stärke. Sie sagt: »Wenn die Dachpfanne aufs Dach muss, dann muss sie halt aufs Dach. Und wenn du gründest, dann musst du durch gewisse Dinge einfach durch.« Jeden Tag überlegt sie, was heute wichtig ist zu erledigen. Für sie sind das fünf Dinge – alles andere ist dann nicht wichtig. Da sie es in der Landwirtschaft viel mit Männern zu tun hat, lernte sie, sich durchzusetzen, sagt sie.

Nachdem Mark Post den Burger in London präsentierte, passierte in Deutschland nicht viel. Auch als in den USA und Israel die ersten Firmen gegründet wurden, passierte nichts. Doch jetzt gibt es die ersten Start-ups, die sich auf den Weg machen. Langsam geschieht auch in Deutschland etwas. Doch noch wird sich zeigen, ob die Geldgeber bereit für das Thema sind. Wie werden die ersten Start-ups aufgenommen? Wie reagieren die wissenschaftlichen Institutionen? Mit Alife Foods aus Leipzig gibt es noch ein weiteres Start-up für Kulturfleisch in Deutschland. Mehr Konkurrenz würde Laura Gertenbach begrüßen, das belebt bekanntlich das Geschäft. Und sie ist sich sicher, dass die Konkurrenz kommen wird. Es ist nur eine Frage der Zeit.

Auf dem Rückweg im Zug verlässt mich bald der Internetempfang auf meinem Handy. Es bleibt der Blick aus dem Fenster. Das Draußen zieht an mir vorbei. Weite Ackerflächen, wenig Häuser, flache mecklenburgische Landschaft. Ich denke an das Gespräch mit Laura Gertenbach. Vielleicht hat sie recht. Landwirtschaft da, wo sie hingehört: auf's Land.

....

Eine andere Fleischproduktion ist möglich. Die nächsten Jahre werden entscheiden, ob es nur eine nette Idee war oder Realität wird.

Was muss jetzt passieren? Welche Weichen müssen gestellt werden? Welchen Illusionen sollten wir uns nicht hingeben? Was ist auf dem Weg zu einer neuen Fleischproduktion zu beachten?

1. Fleisch ist nicht das Problem. Die Herstellung ist es.

Bisher war es unmöglich, das Fleisch vom Schlachthaus zu trennen. Doch jetzt kann alles anders werden. Die Herstellung wird neu, aber das Fleisch bleibt Fleisch. Die desaströsen Folgen für unseren Planeten und das Leiden der Tiere können überflüssig werden. Wir sollten uns die Frage stellen: Wollten wir nicht schon die ganze Zeit Fleisch, ohne dass dafür ein Tier sterben muss? Hat uns das nicht schon die ganze Zeit gestört?

2. Argumente haben bisher nicht gereicht.

Ausreden, dass jemand nicht weiß, welche Konsequenzen Fleischkonsum hat, dürfen nicht mehr wirklich zählen. Die Argumente werden genannt und öffentlich diskutiert. Es ist bekannt, dass Tiere leiden können und dass die Fleischproduktion ein enormes Problem für das Klima ist.

Früher verbrachte ich viele Samstage in der Fußgängerzone, um Menschen über den Horror in der Tierhaltung aufzuklären. Auch viele kalte Wintertage. Menschen, die vorbeiliefen, stand es frei, uns Aktivisten und unsere Argumente zu ignorieren. Die Veränderung, die wir bewirken wollten, sollte über den Einkaufszettel geschehen. Fleisch wird es geben, solange es gekauft wird. Also muss die Nachfrage geringer werden.

Verzicht auf Veggieburger oder Fleisch waren die Alternativen zum Fleischkonsum. Und wenn das wem nicht schmeckte, dann hatten die Tiere eben Pech gehabt. Wir versuchten, Mensch für Mensch mit unseren Argumenten zu überzeugen. Und das bei sieben Milliarden Menschen auf der Erde. Im Grunde ist das eine Konvertierungsstrategie wie im Christentum: mit der Hoffnung, alle Menschen zu überzeugen, durch die Welt zu gehen.

Viele Menschen teilen ja auch die Meinung, dass das, was den Tieren angetan wird, nicht in Ordnung ist, aber sie ändern nicht ihr Kaufverhalten. Der Geist ist willig, aber das Fleisch ist schwach.

Vielleicht haben die Argumente versagt, aber mit einer wirklichen Alternative müsste niemand mehr überzeugt werden.

3. Wir brauchen ein neues Verständnis von Fleisch.

Der Chef von Deutschlands größter Geflügelfirma PHW hat es verstanden. Er sieht seine Firma nicht mehr als Fleischlieferant, sondern – das sagte er ganz stolz auf einer Konferenz – als Proteinlieferant. Und woher die Proteine kommen, ist erst mal egal. Vom Tier, von der Pflanze oder aus Zellkulturen. Und vieles deutet darauf hin, dass dieses neue Verständnis von Fleisch sich durchsetzen wird. Auch Mischformen wird es geben. Nicht nur zwischen pflanzlichem Fleisch und Clean Meat, sondern auch zwischen Tierfleisch und pflanzlichem Fleisch. Nur die wenigsten Menschen werden darauf bestehen, dass Fleisch von einem geschlachteten Tier kommen muss. Entscheidend wird sein, ob es schmeckt.

Deswegen ist es erschreckend zu sehen, wie die Namen von pflanzlichen Fleischalternativen immer mehr angegriffen werden. Laut einem EU-Vorschlag sollen zukünftig Begriffe wie Wurst oder Burger ausschließlich für Fleischprodukte gelten, und für die fleischfreien Pendants wurden Begriffe wie »discs« (Scheibe) oder »tubes« (Röhre) vorgeschlagen[68].

Solche in meinen Augen lächerlichen Vorschläge zeigen, wie nervös und unsicher die Fleischindustrie reagiert. Namen sind wichtig. Sie bedeuten etwas und machen einen Unterschied. Ist eine Tofuwurst nicht auch eine Wurst, nur eben aus Soja?

Auch bei dem neuen Fleisch werden solche Fragen aufkommen. Hoffentlich ist bis dahin die Debatte schon weiter und eine Todgeburt des neuen Fleisches wegen eines lächerlichen Namens hoffentlich nicht wirklich eine Sorge.

Kulturfleisch ist Fleisch. Die Tatsache, dass es nicht aus einem Schlachthaus kommt, ist ein Vorteil und sollte nicht als Nachteil ausgelegt werden. Wenn die Fleischindustrie das Schlachten als einen Vorteil sieht, dann sollte sie es auch so verkaufen. Anstelle einer grünen Wiese und Bauernhofidylle dann gerne ein Bolzenschussgerät und einen blutroten Kachelboden auf den Fleischpackungen abbilden.

4. Wir brauchen Fleisch wie Ökostrom.

Wenn Sie bei Bekannten zu Besuch sind und wissen wollen, woher der Strom in der Wohnung bezogen wird, gibt es keine Möglichkeit, das in Erfahrung zu bringen, außer Sie fragen. Ob Kohle-, AKW- oder erneuerbarer Strom – es gibt keinen Unterschied. Ökostrom riecht nicht; wenn wir das Licht anmachen, hat es keinen leicht grünen Stich. Es kommt auch nicht eher zu Stromausfällen. Wir können uns darauf verlassen, dass wir keinen Unterschied merken werden, wenn wir den Stromanbieter wechseln. Es ist einfach Strom.

Nun, bei Fleisch ist das etwas anders. Zwar werden diverse Fleischalternativen immer echter und sind kaum zu unterscheiden, aber wie wäre es, wenn es hier genauso wie mit dem Strom wäre? Dass wir im Supermarkt Fleisch kaufen, es zuhause zubereiten und dann aus Neugier auf der Zutatenliste auf der Verpackung nachlesen, ob es aus Erbsenprotein, Zellkulturen oder aus dem Schlachthaus kommt. (Natürlich hoffe ich, dass sich der Großteil schon im Supermarkt gegen das Schlachthausfleisch entscheidet.) Der Wechsel zum besseren Fleisch sollte so einfach sein wie ein Wechsel zu einem besseren Stromanbieter. Denn es ist eine gute Entscheidung.

Vielleicht wird sich das in den nächsten Jahren ändern, und erst dann wird das andere Fleisch für viele eine wirkliche Alternative.

5. Wir brauchen mehr Gelder und mehr Forschung.

Die Forschung an Universitäten ist mehrfach gescheitert. Nicht nur Mark Post musste erst eine Firma gründen und private Gelder sammeln, auch Nicholas Genovese versuchte es an Universitäten, bis er aufgab und Memphis Meats mitgründete. Mark Post versteht es bis heute nicht. Er sagt, er habe für viel verrücktere Forschungsprojekte Gelder bekommen.

Es gibt viele Fragestellungen, die an Universitäten mit öffentlichen Geldern erforscht werden können und dann allen zugutekommen. Sollten Universitäten nicht gerade für ein solches Thema da sein? Sollte es nicht auch Ziel sein, Innovationen zu ermöglichen? Neue Ideen zu entwickeln?

Heute findet die Forschung an dem neuen Fleisch fast ausschließlich in privater Hand statt. Niemand kann mit Sicherheit sagen, was gerade der aktuelle Wissensstand ist. Die eine Firma könnte an einer Fragestellung scheitern, die eine andere längst gelöst hat.

Bisher ging das Start-up-Modell auf. Nur durch private Geldgeber kam es dazu, dass heute so viele Teams zu Clean Meat arbeiten. Aber was, wenn die Investoren ein spannenderes Thema finden und irgendwann ihre Gelder in andere Projekte fließen?

Die Forschung an dem neuen Fleisch greift auf bestehende Disziplinen aus der Medizin, Biologie und Chemie zurück. Die Felder müssen sich jetzt für das neue Thema öffnen.

6. Wir brauchen mehr Transparenz.

Was ist der Unterschied zwischen Wissenschaft und Zauberei? Bei dem einen ist bekannt, wie der Trick funktioniert. Bei dem anderen ist das Geheimnis der Trick.

Für das neue Fleisch brauchen wir genau diese Transparenz, die uns die Zauberei nicht erlaubt. Es ist verständlich, dass Firmen ihre Geheimnisse wahren wollen. Aber um das Vertrauen der Öffentlichkeit zu bekommen, sollten sie offen mit ihrem Rezept umgehen. Gerade in Deutschland sind die Menschen sehr kritisch, was ihr Essen angeht.

David Kay, Sprecher von Memphis Meat, sagte mir, an Clean Meat wurde nie im Geheimmodus gearbeitet. Es gab von Beginn an sehr viel Berichterstattung zu dem Thema. Das Fleisch stand vom ersten Tag im Scheinwerferlicht. Und dort sollte es auch bleiben.

7. Die Fleischrevolution braucht Zeit.

Der Wille ist da, aber Fleisch noch nicht. Machen wir uns nichts vor: Es wurden viele falsche Prognosen gemacht. Und auch jetzt bleibt die Antwort die gleiche wie noch vor ein paar Jahren: In zwei bis drei Jahren sind wir so weit. Klingt gut, aber was, wenn nicht?

Lassen wir uns etwas Zeit. Ja, die Entwicklung ist wichtig, aber wir sollten dem Fleisch tatsächlich Zeit zum Wachsen geben. Es sind große Herausforderungen, an denen mit Hochdruck gearbeitet wird. Wenn der Literpreis der Nährflüssigkeit von 300 Euro auf 30 Cent fallen muss, dann braucht das Zeit.

Was können wir aus der bisherigen Geschichte des neuen Fleisches lernen? Der Beweis, dass es möglich ist, einen Hamburger herzustellen, reicht nicht aus, um das Fleisch zu verkaufen. Es braucht viel mehr Entwicklung. Diese Zeit sollten wir dem Burger geben. Die Forschung an dem neuen Fleisch ist zäh. Wir dürfen nicht ungeduldig werden.

8. Das neue Fleisch rettet heute keine Tiere.

Die Zukunft ist so eine Sache. Wir sollten sie immer im Blick behalten, uns aber keiner Illusion hingeben, dass wir wissen, wie es morgen wird. Geschweige denn in zehn, 20 oder vielleicht 50 Jahren.

Ja, es ist möglich, dass wir in Zukunft keine Tiere mehr schlachten werden, um Fleisch auf unseren Tellern zu haben. Doch jetzt in dieser Sekunde laufen noch die Schlachtbänder. Zuchtsauen werden künstlich vom Menschen befruchtet und junge Küken in riesige Mastanlagen transportiert. Sie leben jetzt. Sie werden durch das neue Fleisch, das es vielleicht in Zukunft geben wird, nicht gerettet.

Tierschutz bleibt deswegen weiterhin enorm wichtig. Selbst wenn es uns gelingen sollte, das neue Fleisch in 50 Jahren so weit zu entwickeln, dass kein Tier mehr in Deutschland geschlachtet werden muss, werden bis dahin alleine drei Milliarden Schweine ihr Leben lassen. Nur in Deutschland. Hinzu kommen noch Hühner, Puten, Enten, Kühe und unzählig viele Fische.

Wir müssen beide Welten bedenken. Die von morgen und die, in der wir jetzt noch leben. Wir sollten alles daransetzen, dass das neue Fleisch Realität wird, und gleichzeitig den Tierschutz weiter voranbringen.

9. Die Landwirtschaft muss vom neuen Fleisch profitieren.

Wie gehen wir mit den Veränderungen in der Landwirtschaft um, wenn das Kulturfleisch Realität wird? Landwirtinnen und Landwirte sollten früh in die neuen Herausforderungen einbezogen werden. Welche Pflanzen werden benötigt, um die Zellen wachsen zu lassen? Welche Aufgaben können Tierhalterinnen und Tierhalter übernehmen?

Die neue Fleischproduktion ist eine neue Form der Landwirtschaft. Nicht umsonst wird im Englischen von der »cellular agriculture« (zelluläre Landwirtschaft) gesprochen. Ja, die Jobs in dem Bereich werden eher von Biologen und Chemikerinnen übernommen, aber bei den anstehenden Veränderungen sollten die Menschen in der heutigen Landwirtschaft eine Perspektive bekommen.

10. Ökos dürfen nicht die Feinde der neuen Fleischproduktion werden.

Bisher galten Biobauern als die Guten, als Pioniere einer besseren Tierhaltung. Bisher. Aber mit der neuen Fleischproduktion wären sie in puncto Tierliebe auf einmal überholt. Kein Tier zu schlachten ist immer die beste Option. Denn auch in einer Bioschlachterei werden die Tiere nicht totgestreichelt.

Mark Post sagte mir, die Grünen sind vorsichtig, was das neue Fleisch angeht. Sie haben Biokraftstoffe zu früh unterstützt und wollen einen ähnlichen Fehler vermeiden. Und Greenpeace hält sich bedeckt, weil sie die Umweltauswirkungen noch nicht einschätzen können. Noch wissen wir nicht genug über die genaue Klimabilanz. Doch es ist offensichtlich, dass Clean Meat großes Potenzial hat, wesentlich klimafreundlicher zu werden als herkömmliches Fleisch.

11. Das neue Fleisch kommt zu spät für die Klimakatastrophe.

Es sieht nicht gut aus für unseren Planeten. Was Wissenschaftlerinnen und Wissenschaftler seit Jahrzehnten befürchten, kommt jetzt gerade auf uns zu: eine Klimakatastrophe. Keiner weiß genau, wie sie aussehen wird. Nur wenn wir jetzt alles daransetzen, den Planeten zu retten, haben wir noch eine Chance. Ansonsten wird es unangenehm. Große Hebel müssen dafür bewegt werden. Doch Kulturfleisch wird dafür zu spät kommen. Die Entwicklung ist noch nicht weit genug. Das neue Fleisch steckt noch in den Kinderschuhen, und die Klimakrise ist schon viel zu weit fortgeschritten. Und selbst wenn jetzt alles ganz schnell gehen sollte: Um eine globale Auswirkung zu haben, muss sich die neue Technologie auch weltweit verbreiten.

Dann war alles umsonst? Die ganze Forschung? Ich glaube nicht. Trotzdem brauchen wir eine neue Fleischproduktion – für die Zeit, nachdem wir die Klimakatastrophe abgewendet haben. Die aktuelle Fleischherstellung ist keine Option für diesen Planeten. Heute nicht und auch in hundert Jahren.

12. Lasst uns ehrlich über Lebensmittel reden.

Kaum gab es erste Berichterstattung über die Forschung an Kulturfleisch, da waren sie da, die fiesen Namen. »Frankenmeat« wurde das Fleisch genannt, in Anlehnung an die Geschichte der Person Frankensteins, der einen künstlichen Menschen schuf. Der Wissenschaftler Kurt Schmidinger, der sich als einer der Ersten im deutschen Sprachraum mit dem neuen Fleisch befasste, sagte mir: »Die Diskussion über die Natürlichkeit von Kulturfleisch will ich in einem Schlachthaus führen.« Weil Dinge so sind, wie sie immer waren, nehmen wir sie hin und nennen sie natürlich. Egal wie schrecklich sie sind?

Bier wächst nicht an einem Baum. Es wird von Menschen gemacht. Genau wie ein Schnitzel nur durch den Menschen zum Schnitzel wird. Aber macht das irgendeinen Unterschied? Dass wir nun die Möglichkeit haben, Fleisch auf eine ganz andere Art und Weise herzustellen, ist ein großer Vorteil. Damit wir ihn nutzen können, brauchen wir eine offene, ehrliche Debatte.

NACHWORT:
Fleisch ohne Nebenwirkungen

Wollen Sie wissen, wie Tiere in den Schlachthäusern ihr Leben lassen? Wollen Sie wissen, wie oft es zu Fehlbetäubungen kommt? Wie viele Tiere unter Schmerzen sterben? Wie es den Tieren auf den Tiertransportern ergeht? Wie viele Tiere davor schon sterben und im Müll entsorgt werden?

Wir Menschen haben durch die Kontrolle über die Reproduktion der Tiere eine unglaubliche Macht. Der Lebenslauf der Tiere wird von Firmen bestimmt, für die das Tier in erster Linie Fleisch liefern soll. Die Interessen der Tiere sind ein Hindernis und eine Kostenfrage. Geht es doch darum, Fleisch herzustellen, nicht darum, dass die Tiere glücklich sind. Haben die Tiere nicht schon immer gestört? Waren sie nicht schon immer vielen ein Dorn im Auge, weil sie nicht einfach zügig in das Schlachthaus reinmarschieren und gefügig ihren Kopf an das Bolzenschussgerät halten? Die Tatsache, dass ein Tier lebt und einen Willen hat, machte es immer kompliziert ...

So wurden Spaltenböden erfunden, damit die Tiere auch dort Kot und Urin ausscheiden können, wo sie leben und fressen. Später musste dann der »zitzenfreundliche« Spaltenboden entwickelt werden, so dass sich Muttersauen nicht ihre Brustwarzen einklemmen und verletzen. **169**

Die Geschichte der Nutztierhaltung ist eine Geschichte der Anpassung von wilden Tieren an die Interessen des Menschen. Immer nützlicher, praktischer sollten sie werden und wurden dabei immer weniger Tier. Doch sie sind Wesen mit eigenen Bedürfnissen, eigenem Charakter, eigenen Interessen und einem Willen zu leben. Wie weit werden wir die Tiere verändern? Wo werden wir in der Entwicklung in 20 Jahren stehen? Wo in 50 oder 150 Jahren? Werden wir irgendwann aufhören mit unserer Profitgier, sie einfach nur betrachten und sagen können: »Ja, Tier, so gefällst du mir«?

Das neue Fleisch ist eine Weiterentwicklung der Logik der Massentierhaltung: Es wird wegrationalisiert, was nicht zwingend erforderlich für das eigentliche Produkt Fleisch ist. Mit dem Unterschied, dass wir so tatsächlich die Tiere aus den Schlachthäusern bekommen. Das Fleisch wird überleben, das Leiden der Tiere hoffentlich nicht. Dafür sind wir erst mal weiterhin abhängig von den Tieren. Wir brauchen ihre Zellen. Doch wir brauchen dafür keine 50 Millionen Schweine, wie wir sie jedes Jahr in Deutschland schlachten.

Das beste Argument für das neue Fleisch ist das alte Fleisch. Das neue Fleisch kann das Fleisch ohne Nebenwirkungen werden. Die bisherige Fleischproduktion ist unnötig kompliziert, ineffizient und ungerecht. Das alte Fleisch ist ein Umweg, das neue Fleisch die Abkürzung.

ANMERKUNGEN

1 Bericht der BCC mit Reaktionen der geladenen Experten: https://www.youtube.com/watch?v=9XqcIkbxxBw
2 Erschienen in The Guardian am 5. August 2013: https://www.theguardian.com/science/2013/aug/05/synthetic-meat-burger-stem-cells
3 Erschienen in der Sunday Times am 29. November 2009: https://www.thetimes.co.uk/article/scientists-grow-pork-meat-in-a-laboratory-5g6dsjbxnqs
4 Crowdfunding-Kampagne auf Indiegogo: https://www.indiegogo.com/projects/supermeat-real-meat-without-animal-slaughter#/
5 Pressemitteilung von PHW: https://www.wiesenhof-news.de/news/phw-supermeat/
6 https://www.wsj.com/video/series/moving-upstream/tasting-the-worlds-first-test-tube-steak/4C73A8BC-94DC-4E2E-A85C-0B8689FB7B31
7 Laut Angaben von ACE hat die Organisation seit ihrer Gründung 2014 über die Verteilung von Spenden in einer Höhe von über 11 Millionen US-Dollar mit beeinflusst: https://animalcharityevaluators.org/about/impact/
8 https://www.ju.st/en-us/products/consumer/cookie-dough/chocolate-chip
9 https://www.nytimes.com/2017/07/17/technology/hampton-creek-board-resignations.html
10 https://www.faz.net/aktuell/gesellschaft/das-kobe-rind-zu-besuch-bei-einem-sagenhaften-tier-1813178.html
11 https://www.eat-drink-think.de/alles-ueber-wagyu-und-kobe-beef/
12 www.awanofood.com
13 https://www.brinknews.com/food-security-is-a-huge-threat-to-singapore-is-urban-farming-the-answer/
14 https://www.gfi.org/2019-03-29
15 https://www.brinknews.com/food-security-is-a-huge-threat-to-singapore-is-urban-farming-the-answer/
16 https://www.wsj.com/articles/sizzling-steaks-may-soon-be-lab-grown-1454302862
17 https://www.tysonfoods.com/news/news-releases/2018/1/tyson-foods-invests-cultured-meat-stake-memphis-meats
18 Das sind Berechnungen von Lewis Bollard des Open Philanthropy Projects: https://mailchi.mp/ad5e9238ff46/research-note-impact-investing-for-farm-animals?e=b8b8d8a336
19 https://www.worldatlas.com/articles/the-richest-provinces-and-territories-of-canada.html
20 2016 produzierte Alberta 41% des kanadischen Rindfleisches: https://www.cattlefeeders.ca/industry-overview/alberta-cattle-feeding-facts-and-stats/
21 https://www.crunchbase.com/organization/perfectday#section-overview
22 https://www.yourgenome.org/stories/who-was-involved-in-the-human-genome-project
23 Blogpost: »All Our Patent Are Belong To You« vom 12. Juni 2014: https://www.tesla.com/de_DE/blog/all-our-patent-are-belong-you?redirect=no

24 Übersicht bekannter Patente, recherchiert von Robert Yaman: https://docs. google.com/spreadsheets/d/1l3PLthSMdEnU6Gn8_3phVe5h5XcktgZYa_rA7G-DJyk/edit#gid=2080497194

25 Nicht vollständiger Überblick von Investment in Start-ups (Clean Meat und Plant-based): https://mailchi.mp/ad5e9238ff46/research-note-impact-investing-for-farm-animals?e=b8b8d8a336

26 In Gründerszene.de am 11.06.2014, »SoundCloud, Twitter und Co feiern die Eröffnung der Berliner Factory«: https://www.gruenderszene.de/allgemein/factory-berlin-eroeffnung

27 https://www.gruenderszene.de/lexikon/begriffe/venture-capital-vc?interstitial%3Finterstitial?interstitial_click

28 https://www.spiegel.de/spiegel/print/d-32628548.html

29 Specht, Liz: An analysis of culture medium costs and production volumes for cell-based meat. https://www.gfi.org/files/sci-tech/clean-meat-production-volume-and-medium-cost.pdf

30 https://www.facebook.com/watch/?v=347111479332205

31 Vortrag von Mark Post am 27. August 2017 bei der The End of Meat Conference in Berlin: https://vimeo.com/239581654 ab Minute 9.40

32 »Automated chicken surveillance«: http://faromatics.com/wp-content/uploads/2018/01/OnePager-V180124a.pdf

33 https://www.youtube.com/watch?time_continue=23&v=Tb7uLUOnA8w

34 Schweine in Dänemark: https://www.agrarheute.com/tier/schwein/mehr-schweine-daenemark-451562 Einwohner Dänemark: https://ec.europa.eu/eurostat/en/web/population-demography-migration-projections/statistics-illustrated

35 In einer Besprechung des Buches »Red Meat Republic« von Joshua Specht. Moyn, Samuel: The Pice of Meat, The New Republic, June 2019. Online verfügbar: https://newrepublic.com/article/153792/red-meat-republic-book-review-joshua-specht

36 Amir, Fahin: Schwein und Zeit, Edition Nautilus 2018, ab S. 40

37 http://www.encyclopedia.chicagohistory.org/pages/2883.html

38 Hartmann, Kathrin: Ende der Märchenstunde, Blessing 2009, S. 287

39 https://www.fleischwirtschaft.de/wirtschaft/charts/Ranking-der-Fleischwirtschaft-2018-Die-Top-10-Gruppen-37993

40 https://www.welt.de/wirtschaft/article118425725/Deutschland-ist-Europas-Schlacht-haus.html

41 Ebenfalls in der Besprechung des Buches »Red Meat Republic« von Joshua Specht. Moyn, Samuel: The Pice of Meat, The New Republic, June 2019. Online verfügbar: https://newrepublic.com/article/153792/red-meat-republic-book-review-joshua-specht

42 https://magazin.spiegel.de/SP/2017/8/149652292/index.html

43 https://www.zeit.de/wirtschaft/2014-03/tierhaltung-kosten-haehnchenproduktion/komplettansicht

44 https://www.ariwa.org/wissen-a-z/hintergrund/masthuehnerleben.html

45 https://www.weltagrarbericht.de/themen-des-weltagrarberichts/fleisch-und-futtermittel.html

46 Jane Land bei Sky News: https://www.youtube.com/watch?v=5mXM5iL6vks

47 Studie von AT Kearney: https://www.atkearney.com/retail/article/?/a/how-will-cultured-meat-and-meat-alternatives-disrupt-the-agricultural-and-food-industry

48 Sinclair, Upton: Der Dschungel, Rowohlt 1993, S. 49

49 Vortrag »Cultured Meat and Three Futures for Flesh« an der University of Pennsylvania im February 2018: https://vimeo.com/259701433

50 Wurgaft, Benjamin Aldes: Meat Planet. Artificial Flesh and the Future of Food. University of California Press, 2019: https://www.ucpress.edu/book/9780520295537/meat-planet

51 Blogpost »Why most people eat meat«: http://veganstrategist.org/2016/07/25/why-most-people-eat-meat/

52 Präsentation von Chris Bryant auf der New Food Conference 2018 in Berlin: https://docs.google.com/presentation/d/1ML-6wdKDSVOuc2keENvxCQSHTNdK7msLf0csSw6epj0/edit#slide=id.p

53 Zahlen für die USA: https://www.ncbi.nlm.nih.gov/pmc/articles/PMC3045642/?_escaped_fragment_=po=83.3333\ Zahlen für das Baltikum und Finnland: https://academic.oup.com/eurpub/article/17/5/520/533781

54 https://civey.com/umfragen/2993/wurden-sie-synthetisches-kunstlich-gezuchtetes-fleisch-essen

55 https://www.bve-online.de/presse/pressemitteilungen/pm-20190116

56 So will Deutschland essen. Ergebnisse einer repräsentativen Bevölkerungsbefragung, veröffentlicht am 23. November 2018: https://www.bmel.de/SharedDocs/Downloads/Ernaehrung/Forsa_Ernaehrungsreport2019-Tabellen.pdf;jsessionid=674C2746E6251344116D206700DE0DF4.1_cid288?__blob=publicationFile

57 https://www.axios.com/self-driving-cars-and-the-fear-of-the-unknown-a0708a95-8350-4a06-bb6e-1564e987b98a.html

58 https://www.gfi.org/how-we-talk-about-meat-grown-without-animals

59 https://www.the-scientist.com/the-nutshell/nobel-hopefuls-by-the-numbers-43078

60 Laut dem Presse-PDF, verfügbar unter: www.impossiblefoods.com/media

61 https://www.businessinsider.de/burger-king-kunden-sollen-raten-aus-was-ihr-burger-besteht-2019-7?fbclid=IwAR1C1PvOCKkbqhk5_d_l4eieQsLpX-8oZxB5VtGOKErGf43ykITVY55f1bw

62 https://www.handelsblatt.com/unternehmen/mittelstand/ruegenwalder-wurst-wird-die-zigarette-der-zukunft/10696962.html?ticket=ST-1721577-Lx4EjoMAiQeAsMFEufna-ap1

63 Video »Ode an den Einkaufszettel«: https://www.youtube.com/watch?v=D5JCjWKchpA

64 https://www.manager-magazin.de/unternehmen/industrie/ruegenwalder-will-im-land-der-schweine-esser-vegetarischer-werden-a-1215302.html

65 https://www.morgenpost.de/wirtschaft/article226444571/Ruegenwalder-Muehle-stellt-die-Currywurst-Produktion-ein.html

66 https://www.fleischwirtschaft.de/wirtschaft/nachrichten/Ruegenwalder-Muehle-Die-Wachstumstreiber-sind-veggie-39673

67 https://www.perduefarms.com/news/press-releases/perdue-foods-launches-chicken-plus-with-vegetable-nutrition-new-chicken-nuggets-tenders-and-patties-meet-demand-for-flexitarian-families/

68 BBC, Thomas, Daniel: Would you call this a vegetable tube? 19.06.2019: https://www.bbc.com/news/business-48676145

Bibliografische Information der Deutschen Nationalbibliothek
Die Deutsche Nationalbibliothek verzeichnet diese Publikation
in der Deutschen Nationalbibliografie; detaillierte bibliografische
Daten sind im Internet über https://portal.dnb.de abrufbar.

Druckprodukt
climate-id.com/12559-1708-1001

Verlagsgruppe Random House FSC® N001967

1. Auflage
Copyright © 2019 Gütersloher Verlagshaus, Gütersloh,
in der Verlagsgruppe Random House GmbH,
Neumarkter Str. 28, 81673 München

Umschlaggestaltung: Roland Huwendiek Grafik-Design, Berlin
Umschlagmotiv: © Viktor 1 / nurruddean / Shutterstock
Druck und Bindung: CPI books GmbH, Leck
Printed in Germany
ISBN 978-3-579-01484-5

www.gtvh.de